2023
After Effects
影视特效设计与制作
案例课堂

牟艳霞　张　锋　相世强　　主编

清华大学出版社
北京

内 容 简 介

本书通过125个具体案例，全面、系统地介绍了Adobe After Effects 2023的基本操作方法和影视特效的设计与制作技巧。本书共分13章，每章的案例在内容编排上循序渐进，其中既有打基础、筑根基的部分，又不乏综合创新的例子。其特点是把Adobe After Effects 2023的知识点融入案例中，读者将从中学到After Effects 2023的基本操作、关键帧动画、蒙版与遮罩、3D图层、文字效果、滤镜特效、图像调色、抠取图像、音频特效、光效和粒子，以及制作影视片头、青春回忆录、城市宣传片等内容。可以说，读者通过对这些案例的学习，能够举一反三，由此掌握影视特效设计的精髓。

本书内容丰富，语言通俗易懂，结构清晰明了，既适合初、中级读者学习使用，也可以作为大中专院校相关专业、计算机培训机构的上机指导教材。

本书封面贴有清华大学出版社防伪标签，无标签者不得销售。
版权所有，侵权必究。举报：010-62782989，beiqinquan@tup.tsinghua.edu.cn。

图书在版编目(CIP)数据

AfterEffects 2023影视特效设计与制作案例课堂 / 牟艳霞, 张锋, 相世强主编.
北京：清华大学出版社, 2025. 5. -- ISBN 978-7-302-68694-1

Ⅰ. TP391.413

中国国家版本馆CIP数据核字第2025VL2566号

责任编辑：张彦青
封面设计：李　坤
责任校对：李玉茹
责任印制：刘　菲

出版发行：清华大学出版社
　　网　　址：https://www.tup.com.cn，https://www.wqxuetang.com
　　地　　址：北京清华大学学研大厦A座　　邮　　编：100084
　　社 总 机：010-83470000　　邮　　购：010-62786544
　　投稿与读者服务：010-62776969，c-service@tup.tsinghua.edu.cn
　　质量反馈：010-62772015，zhiliang@tup.tsinghua.edu.cn
印 装 者：北京同文印刷有限责任公司
经　　销：全国新华书店
开　　本：190mm×260mm　　印　　张：18.75　　字　　数：471千字
版　　次：2025年5月第1版　　印　　次：2025年5月第1次印刷
定　　价：98.00元

产品编号：102940-01

前　言

After Effects 2023 是由 Adobe 公司推出的一款功能强大的图形与视频特效处理软件。它简单、友好的工作界面，方便、快捷的操作方式，使视频编辑进入家庭成为可能。从普通的视频处理到高端的影视特效，After Effects 都能应对自如。

01　本书内容 ▶▶▶▶

本书以"学以致用"为写作出发点，系统并详细地讲解了 After Effects 2023 软件的使用方法和操作技巧。

本书共分 13 章，具体包括 After Effects 2023 的基本操作、关键帧动画、蒙版与遮罩、3D 图层、文字效果、滤镜特效、图像调色、抠取图像、音频特效、光效和粒子，以及制作影视片头、青春回忆录、城市宣传片等内容。

本书由浅入深、循序渐进地介绍了 After Effects 2023 的使用方法和操作技巧。每一章都围绕综合实例来介绍，便于读者掌握与应用 After Effects 2023 的基本功能。

02　本书特色 ▶▶▶▶

本书面向 After Effects 的初、中级用户，采用由浅入深、循序渐进的讲述方法，内容丰富。
1. 本书案例丰富，适合上机操作与教学。
2. 每个案例都是编者精心挑选的，可以引导读者发挥想象力，调动学习的积极性。
3. 案例实用性强，技术含量高，与实践紧密结合。
4. 配套资源丰富，方便教学。

03　本书约定 ▶▶▶▶

为了便于阅读与理解，本书的写作遵从如下约定。

1. 本书中出现的中文菜单和命令将用"【】"括起来，以示区分。此外，为了使语句更加简洁易懂，书中所有的菜单和命令之间以竖线（|）分隔。例如，单击【编辑】菜单，再选择【复制】命令，就用【编辑】|【复制】来表示。

2. 用加号（+）连接的两个或三个键表示组合键，在操作时表示同时按下这两个或三个键。例如，Ctrl+V 是指在按下 Ctrl 键的同时，按下 V 字母键；Ctrl+Alt+F11 是指在按下 Ctrl 键和

Alt 键的同时，按下功能键 F11。

3. 在没有特殊指定时，单击、双击和拖动是指用鼠标左键单击、双击和拖动，右击是指用鼠标右键单击。

04 海量的电子学习资源和素材 ▶▶▶▶

本书附带案例的素材文件、场景文件、效果文件、多媒体有声视频教学录像，读者在读完本书内容以后，可以调用这些资源进行深入学习。

配送资源.part1

配送资源.part2

配送资源.part3

05 读者对象 ▶▶▶▶

1. After Effects 2023 的初学者。
2. 大中专院校和社会培训机构平面设计及相关专业的学生。
3. 影视设计从业人员。

06 致谢 ▶▶▶▶

本书的出版凝结了许多优秀教师的心血，在这里衷心感谢在本书出版过程中给予帮助的视频测试老师，以及为这本书付出辛勤劳动的出版社的老师们，感谢你们！

本书由德州职业技术学院的牟艳霞、张锋、相世强老师主编，同时参与本书编写工作的还有朱晓文、刘蒙蒙、陈月娟、纪丽丽，谢谢你们在书稿前期材料的组织、版式设计、校对、编排以及大量图片的处理方面所做的工作。

在写作的过程中，由于时间仓促，书中不足之处在所难免，希望广大读者批评、指正。

编　者

目录

第 01 章 After Effects 2023 的基本操作

案例精讲 001　After Effects 2023 的安装 002
案例精讲 002　After Effects 2023 的卸载 002
案例精讲 003　After Effects 2023 的启动与退出 003
案例精讲 004　新建项目 004
案例精讲 005　新建合成 005
案例精讲 006　导入图片素材 006
案例精讲 007　导入视频素材 007
案例精讲 008　导入序列素材 008
案例精讲 009　导入音频素材 008
案例精讲 010　导入 PSD 分层素材 009
案例精讲 011　打开文件 009
案例精讲 012　保存文件 010
案例精讲 013　编辑素材 011
案例精讲 014　剪切、复制和粘贴文件 012
案例精讲 015　删除素材 013
案例精讲 016　收集文件 013
案例精讲 017　复位工作界面 014
案例精讲 018　改变工作界面中区域的大小 015
案例精讲 019　选择不同的工作界面 016
案例精讲 020　为工作区设置快捷键 017
案例精讲 021　更改界面颜色 018
案例精讲 022　为素材添加效果 018
案例精讲 023　为素材添加文字 019
案例精讲 024　选择单个或多个图层 020
案例精讲 025　快速拆分图层 020
案例精讲 026　更改图层排序 021
案例精讲 027　更改图层混合模式 022
案例精讲 028　创建纯色图层 022
案例精讲 029　利用形状图层制作简约背景 024
案例精讲 030　利用灯光图层制作聚光光照效果 025
案例精讲 031　整理素材 026

第 02 章 关键帧动画

案例精讲 032　创建关键帧 028
案例精讲 033　选择关键帧 028
案例精讲 034　复制和粘贴关键帧 030
案例精讲 035　删除关键帧 031
案例精讲 036　为视频添加字幕 032
案例精讲 037　制作点击关注动画 035
案例精讲 038　制作黑板摇摆动画（视频案例） 036

案例精讲 039　制作时钟旋转动画............. 037
案例精讲 040　制作花束欣赏动画
　　　　　　　（视频案例）................. 038
案例精讲 041　制作美食欣赏动画............. 038

第 03 章　蒙版与遮罩

案例精讲 042　制作创意彩色边框效果..... 044
案例精讲 043　制作照片剪切效果............. 047
案例精讲 044　制作水面结冰效果............. 048
案例精讲 045　动态显示图片
　　　　　　　（视频案例）................. 051
案例精讲 046　制作星球运行效果............. 052
案例精讲 047　制作书写文字效果
　　　　　　　（视频案例）................. 053
案例精讲 048　制作墙体爆炸效果............. 054
案例精讲 049　制作撕纸效果..................... 056

第 04 章　3D 图层

案例精讲 050　制作水中倒影..................... 064
案例精讲 051　为花朵制作投影................. 066
案例精讲 052　掉落的乒乓球..................... 068
案例精讲 053　制作摩托车展示效果......... 070
案例精讲 054　闪现的电脑......................... 073
案例精讲 055　掉落的壁画
　　　　　　　（视频案例）................. 074
案例精讲 056　飘落的花瓣......................... 075
案例精讲 057　制作骰子（视频案例）.... 076
案例精讲 058　制作旋转的文字................. 077

第 05 章　文字效果

案例精讲 059　制作跳跃的文字................. 080
案例精讲 060　制作玻璃文字..................... 082
案例精讲 061　制作气泡文字..................... 085
案例精讲 062　制作积雪文字..................... 088
案例精讲 063　制作流光文字..................... 092
案例精讲 064　制作滚动文字..................... 096
案例精讲 065　制作有烟雾感的文字......... 100
案例精讲 066　制作光晕文字..................... 104
案例精讲 067　制作电流文字..................... 109
案例精讲 068　制作科技感文字................. 114
案例精讲 069　制作火焰文字
　　　　　　　（视频案例）................. 121
案例精讲 070　打字动画（视频案例）.... 121

第 06 章　滤镜特效

案例精讲 071　制作下雨效果..................... 124
案例精讲 072　制作水滴滑落效果............. 125
案例精讲 073　制作下雪效果..................... 127
案例精讲 074　制作太阳光晕特效............. 128
案例精讲 075　制作闪电效果..................... 130
案例精讲 076　制作梦幻宇宙特效............. 133
案例精讲 077　制作飘动的云彩................. 136
案例精讲 078　制作飞舞的泡泡................. 138
案例精讲 079　制作桌面上的卷画............. 140
案例精讲 080　制作水墨画
　　　　　　　（视频案例）................. 144
案例精讲 081　制作心电图......................... 144

案例精讲 082	制作翻书效果
	（视频案例）.................. 148
案例精讲 083	制作流光线条.................. 149
案例精讲 084	制作照片切换效果......... 153

第 07 章　图像调色

案例精讲 085	替换衣服颜色.................. 162
案例精讲 086	制作黑白艺术照.............. 162
案例精讲 087	制作炭笔效果.................. 163
案例精讲 088	制作图像混合效果.......... 164
案例精讲 089	制作素描效果.................. 165
案例精讲 090	制作冷色调照片.............. 167
案例精讲 091	制作梦幻色调.................. 168
案例精讲 092	制作季节变换效果.......... 169
案例精讲 093	制作电影色调.................. 171
案例精讲 094	制作 LOMO 色调............. 174
案例精讲 095	制作唯美清新色调.......... 176
案例精讲 096	制作怀旧照片.................. 179

第 08 章　抠取图像

案例精讲 097	制作谢幕效果.................. 186
案例精讲 098	制作战斗机飞过效果...... 187
案例精讲 099	制作镜头拍摄效果.......... 189
案例精讲 100	制作飞舞的蝙蝠.............. 190
案例精讲 101	制作飞机射击短片
	（视频案例）.................. 191
案例精讲 102	古风风景欣赏.................. 192
案例精讲 103	制作草地上的鸽子.......... 193

| 案例精讲 104 | 制作飞机坠毁短片 |
| 　 | （视频案例）.................. 194 |

第 09 章　音频特效

案例精讲 105	制作音乐的
	淡入淡出效果.................. 196
案例精讲 106	制作倒放效果
	（视频案例）.................. 197
案例精讲 107	制作部分损坏效果
	（视频案例）.................. 198
案例精讲 108	制作跳动的圆点.............. 198
案例精讲 109	制作节奏律动效果.......... 201

第 10 章　光效和粒子

案例精讲 110	制作跳动的方块.............. 204
案例精讲 111	制作光效倒计时效果...... 206
案例精讲 112	制作魔幻粒子.................. 214

第 11 章　制作影视片头

| 案例精讲 113 | 制作 LOGO 动画............... 224 |
| 案例精讲 114 | 合成影视片头.................. 235 |

第 12 章　制作青春回忆录

案例精讲 115	制作开始动画.................. 242
案例精讲 116	制作转场动画 1.............. 243
案例精讲 117	制作转场动画 2.............. 251
案例精讲 118	制作其他转场.................. 257
案例精讲 119	制作结尾动画.................. 263

案例精讲 120　合成青春回忆录................ 265

案例精讲 123　创建文字动画.................... 275

案例精讲 124　创建宣传片动画................ 280

第 13 章　制作城市宣传片

案例精讲 125　制作光晕并嵌套合成........ 286

案例精讲 121　创建视频合成.................... 268

附　录　常用快捷键

案例精讲 122　创建过渡动画.................... 270

Chapter 01 After Effects 2023 的基本操作

本章导读：

在学习制作视频特效之前，需要了解一些常用的操作方法与技巧。本章将通过多个案例讲解 After Effects 2023 的基础知识，使读者学习并掌握 After Effects 2023 中的一些基本操作方法。

案例精讲 001　After Effects 2023 的安装

安装 After Effects 2023 软件的方法非常简单，只需根据操作步骤指示便可轻松完成安装，具体操作步骤如下。

（1）打开 After Effects 2023 的安装文件，找到 Set-up.exe 文件，双击将其打开，如图 1-1 所示。

（2）运行安装程序，然后等待初始化，初始化完成后，指定安装位置，如图 1-2 所示。

（3）单击【继续】按钮，将会显示软件安装进度，说明正在安装 After Effects 2023 软件，如图 1-3 所示。

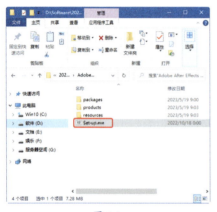  

图 1-1　　　　　　　　　　图 1-2　　　　　　　　　　图 1-3

案例精讲 002　After Effects 2023 的卸载

After Effects 2023 可通过【设置】窗口卸载，下面将具体介绍卸载 After Effects 2023 的操作方法。

（1）单击左下角的【开始】按钮，在弹出的下拉菜单中选择【设置】命令，如图 1-4 所示。

（2）在打开的【设置】窗口中单击【应用】下方的【卸载】按钮，如图 1-5 所示。

图 1-4　　　　　　　　　　　　　　　图 1-5

（3）在打开的界面中选择 Adobe After Effects 2023 选项，单击【卸载】按钮，如图 1-6 所示。

（4）在弹出的对话框中单击【是，确定删除】按钮，如图 1-7 所示，开始卸载软件。

图 1-6

图 1-7

（5）等待卸载，卸载界面如图 1-8 所示。

（6）卸载完成后，会弹出【卸载完成】对话框，单击【关闭】按钮，即可完成卸载操作，如图 1-9 所示。

图 1-8

图 1-9

案例精讲 003　After Effects 2023 的启动与退出

本案例将讲解如何启动与退出 After Effects 2023 软件，具体操作方法如下。

（1）要启动 After Effects 2023，可单击【开始】按钮，在弹出的下拉菜单中选择 Adobe After Effects 2023 命令，如图 1-10 所示。

（2）执行上一步操作后，将打开 Adobe After Effects 加载界面，如图 1-11 所示。

图 1-10   图 1-11

（3）当加载完成后，即可进入软件的工作界面，如图 1-12 所示。

（4）进入工作界面后若要退出软件，可以单击界面右上角的【关闭】按钮 ，直接退出软件；还可以选择菜单栏中的【文件】|【退出】命令，如图 1-13 所示。

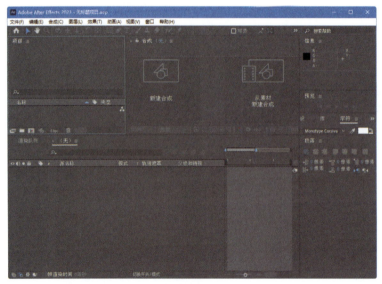 

图 1-12   图 1-13

案例精讲 004　新建项目

在操作 After Effects 2023 软件时，经常需要新建项目文件，本案例主要介绍新建项目的方法。

（1）启动 After Effects 2023 软件后，将会出现欢迎界面，在该界面中单击【新建项目】按钮，如图 1-14 所示。

（2）执行上一步操作后，即可新建一个项目，如图 1-15 所示。

第 01 章 After Effects 2023 的基本操作

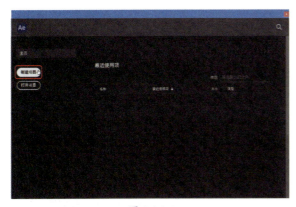

图 1-14

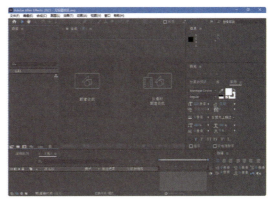

图 1-15

> **提示：**
>
> 　　除了上述方法外，还可以选择菜单栏中的【文件】|【新建】|【新建项目】命令，如图 1-16 所示。执行该操作后，同样可以创建一个项目文件。此外，按 Ctrl+Alt+N 组合键也可以新建项目。

图 1-16

案例精讲 005　新建合成

本案例将讲解在 After Effects 2023 中新建合成的方法。

1. 方法一

（1）在【项目】面板中右击，在弹出的快捷菜单中选择【新建合成】命令，如图 1-17 所示。

（2）在打开的【合成设置】对话框中对合成的参数进行设置，然后单击【确定】按钮，如图 1-18 所示。

图 1-17

图 1-18

2. 方法二

在【合成】面板中单击【新建合成】按钮，同样可以新建合成，如图 1-19 所示。

3. 方法三

（1）可以通过素材新建合成。在【合成】面板中单击【从素材新建合成】按钮，如图 1-20 所示。

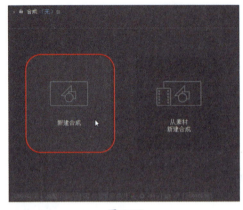

图 1-19

图 1-20

（2）弹出【导入文件】对话框，选择"素材 01.jpg"文件，如图 1-21 所示。

（3）单击【导入】按钮，即可将选中的素材文件新建一个合成，如图 1-22 所示。

图 1-21

图 1-22

4. 方法四

在启动软件时，将会弹出欢迎界面，在欢迎界面中单击【新建合成】按钮，也可以新建合成。

案例精讲 006　导入图片素材

本案例将讲解在 After Effects 2023 中导入图片素材的方法。

（1）打开 After Effects 2023 软件后，在菜单栏中选择【文件】|【导入】|【文件】命令，如图 1-23 所示。

（2）弹出【导入文件】对话框，选择"素材\Cha01\素材02.jpg"文件，单击【导入】按钮，即可完成导入操作，效果如图1-24所示。

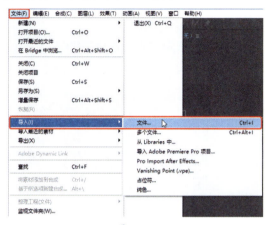 

图1-23　　　　　　　　　　　　　图1-24

> 提示：
> 在【项目】面板中双击，在弹出的对话框中选择素材图片，单击【导入】按钮，同样可以导入图片文件。

案例精讲 007　导入视频素材

本案例将讲解在After Effects 2023中导入视频素材的方法。

（1）打开After Effects 2023软件后，在【项目】面板中右击，在弹出的快捷菜单中选择【导入】|【文件】命令，如图1-25所示。

（2）弹出【导入文件】对话框，选择"素材\Cha01\素材03.mp4"文件，单击【导入】按钮，即可完成导入视频素材的操作，效果如图1-26所示。

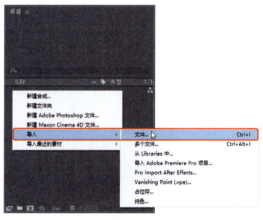 

图1-25　　　　　　　　　　　　　图1-26

案例精讲 008　导入序列素材

本案例主要介绍在 After Effects 2023 中导入序列素材的方法。

（1）首先新建项目和合成，然后在【项目】面板中双击，在弹出的【导入文件】对话框中选择"素材\Cha01\素材04\樱花001.jpg"文件，接着选中【ImporterJPEG 序列】与【创建合成】复选框，如图 1-27 所示。

（2）单击【导入】按钮，此时在【项目】面板中可以看到序列素材已经成功导入，并创建了一个合成，如图 1-28 所示。

图 1-27

图 1-28

案例精讲 009　导入音频素材

本案例主要介绍在 After Effects 2023 中导入音频素材的方法。

（1）打开 After Effects 2023 软件后，选择菜单栏中的【文件】|【导入】|【文件】命令，如图 1-29 所示。在弹出的【导入文件】对话框中选择"素材\Cha01\素材 05.mp3"文件，然后直接将其拖曳至【项目】面板中。

（2）此时【项目】面板中出现导入的音频素材文件，如图 1-30 所示。

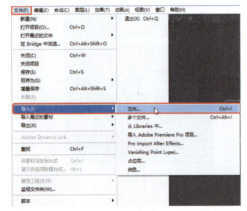
图 1-29

图 1-30

案例精讲 010　导入 PSD 分层素材

本案例主要介绍在 After Effects 2023 中导入 PSD 分层素材的方法。

（1）在【项目】面板中双击，弹出【导入文件】对话框，选择"素材 \Cha01\ 素材 06.psd"素材文件，单击【导入】按钮。导入过程中，在弹出的对话框中将【导入种类】设置为【合成】，选中【合并图层样式到素材】单选按钮，如图 1-31 所示。

（2）此时可以在【项目】面板中展开文件夹，其中包括很多 PSD 中的图层，如图 1-32 所示。

图 1-31

图 1-32

案例精讲 011　打开文件

本案例将讲解打开文件的操作方法。

（1）选择"素材 \Cha01\ 素材 07.aep"文件并双击，如图 1-33 所示。

（2）此时即可打开"素材 07.aep"文件，效果如图 1-34 所示。

图 1-33

图 1-34

案例精讲 012　保存文件

本案例主要讲解通过菜单栏保存文件的方法。

（1）打开"素材\Cha01\素材08.aep"文件，如图1-35所示。

（2）选择菜单栏中的【文件】|【另存为】|【另存为】命令，如图1-36所示。

图 1-35

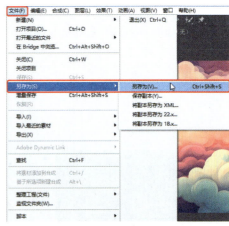

图 1-36

（3）在弹出的【另存为】对话框中设置保存路径和文件名，然后单击【保存】按钮，如图1-37所示。

> 提示：
> 在新建文档并编辑完成后，可以通过选择【文件】|【保存】命令直接存储文件，如图1-38所示。

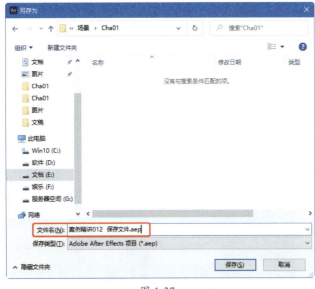

图 1-37

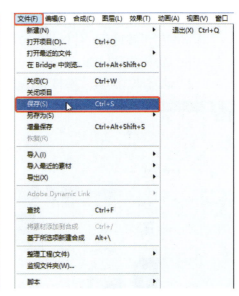

图 1-38

案例精讲 013　编辑素材

本案例将讲解如何在 After Effects 2023 中编辑素材的基本属性和添加特效，最终效果如图 1-39 所示。

（1）打开"素材 \Cha01\ 素材 09.aep"文件，如图 1-40 所示。

（2）选择"房子 .jpg"素材，将【缩放】均设置为 59%，如图 1-41 所示。

图 1-39

图 1-40

图 1-41

（3）在【效果和预设】面板中选择【颜色校正】|【曲线】效果，如图 1-42 所示。

（4）将该效果拖曳至"房子 .jpg"素材上，在【效果控件】面板中添加曲线控制点，并进行调整，如图 1-43 所示。

图 1-42

图 1-43

案例精讲 014　剪切、复制和粘贴文件

剪切、复制和粘贴文件是经常使用的编辑方法，本案例主要讲解在 After Effects 2023 中剪切、复制和粘贴文件的方法。

（1）打开"素材\Cha01\素材 10.aep"文件，如图 1-44 所示。

（2）选择【时间轴】面板中的"蛋糕.jpg"素材文件，然后选择菜单栏中的【编辑】|【剪切】命令，或按 Ctrl+X 组合键，如图 1-45 所示，即可将选中的素材放入剪贴板中。

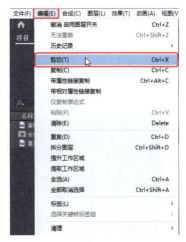

图 1-44　　　　　　　　　　　　　　　图 1-45

（3）在【时间轴】面板中单击，然后选择菜单栏中的【编辑】|【粘贴】命令，或按 Ctrl+V 组合键，如图 1-46 所示，即可将剪贴板中的素材粘贴到合适的位置。

（4）选择【时间轴】面板中的"薯片.jpg"素材文件，再选择菜单栏中的【编辑】|【复制】命令，或按 Ctrl+C 组合键，然后按 Ctrl+V 组合键进行粘贴，效果如图 1-47 所示。

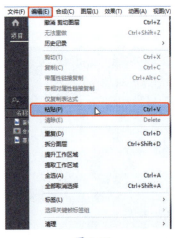

图 1-46　　　　　　　　　　　　　　　图 1-47

After Effects 2023 的基本操作　第 01 章

案例精讲 015　删除素材

本案例主要讲解在制作视频的过程中如何删除不需要的素材，具体操作步骤如下。

（1）打开"素材 \Cha01\ 素材 11.aep"文件，如图 1-48 所示。

（2）选择【时间轴】面板中的"照片 01.jpg"素材文件，然后选择菜单栏中的【编辑】|【清除】命令，或按 Delete 键，如图 1-49 所示。

图 1-48　　　　　　　　　　　　图 1-49

（3）此时可以看到【时间轴】面板中选择的素材已经被删除，如图 1-50 所示。

图 1-50

案例精讲 016　收集文件

在 After Effects 中，有时会因为项目中的素材文件被删除或移动，导致项目出现错误，此时可以通过收集文件功能将项目中所包含的素材、文件夹、项目文件等统一收集到一个文件夹中，从而确保项目及所有素材的完整性。

（1）打开"素材 \Cha01\ 素材 12.aep"文件，如图 1-51 所示。

（2）选择菜单栏中的【文件】|【整理工程（文件）】|【收集文件】命令，如图 1-52 所示。

013

图 1-51

图 1-52

（3）在弹出的【收集文件】对话框中单击【收集】按钮，如图 1-53 所示。

（4）打包后在存储路径下将出现打包文件夹，如图 1-54 所示。

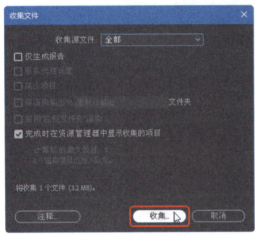
图 1-53

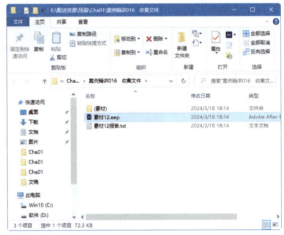
图 1-54

案例精讲 017　复位工作界面

After Effects 2023 提供了强大而灵活的界面方案，用户可以随意组合工作界面。下面介绍复位工作界面的操作方法。

（1）打开 After Effects 2023 软件，在进行操作时，发现界面区域需要调整，如图 1-55 所示。

（2）选择菜单栏中的【窗口】|【工作区】|【将"标准"重置为已保存的布局】命令，如图 1-56 所示。

（3）此时，当前界面被复位到了标准的布局，如图 1-57 所示。

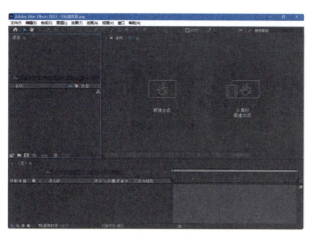
图 1-55

图 1-56

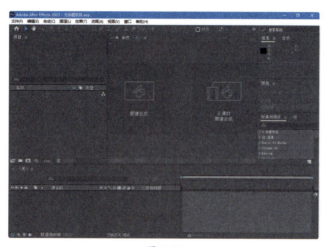
图 1-57

案例精讲 018　改变工作界面中区域的大小

本案例主要讲解利用鼠标在 After Effects 2023 中改变工作界面区域大小的方法。

（1）打开"素材 \Cha01\ 素材 13.aep"文件，如图 1-58 所示。

图 1-58

(2)将鼠标指针移至【项目】面板和【合成】面板之间时,鼠标指针变成左右箭头形状,然后按住鼠标左键左右拖动,即可横向改变【项目】面板和【合成】面板的宽度,如图1-59所示。

(3)将鼠标指针移至【项目】面板、【合成】面板和【时间轴】面板三者之间时,鼠标指针变成十字箭头形状,此时按住鼠标左键上下左右拖动,可以改变【项目】面板、【合成】面板和【时间轴】面板的大小,如图1-60所示。

图 1-59　　　　　　　　　　　　　　　　图 1-60

案例精讲 019　选择不同的工作界面

在使用 After Effects 2023 时,可以根据不同的需要,预设相应的工作界面。

(1)打开"素材\Cha01\素材13.aep"文件,在界面中单击工作区域右侧的 按钮,并将【选择方式】设置为【标准】,效果如图1-61所示。

(2)在界面中单击工作区域右侧的 按钮,并将【选择方式】设置为【动画】,效果如图1-62所示。

图 1-61　　　　　　　　　　　　　　　　图 1-62

(3)在界面中单击工作区域右侧的 按钮,并将【选择方式】设置为【效果】,效果如图1-63所示。

(4)在界面中单击工作区域右侧的 按钮,并将【选择方式】设置为【文本】,效果如图1-64所示。

图 1-63　　　　　　　　　　　　图 1-64

案例精讲 020　为工作区设置快捷键

本案例将讲解如何为工作区设置快捷键，具体操作方法如下。

（1）启动 After Effects 2023 软件后，选择菜单栏中的【窗口】|【工作区】|【简约】命令，如图 1-65 所示。

（2）切换至【简约】工作界面，在菜单栏中选择【窗口】|【将快捷键分配给"简约"工作区】|【Shift+F11（替换"审阅"）】命令，如图 1-66 所示。

（3）执行上一步操作后，即可将"审阅"工作区的快捷键分配给"简约"工作区，如图 1-67 所示。

图 1-65

图 1-66　　　　　　　　　　　　图 1-67

案例精讲 021　更改界面颜色

在使用 After Effects 2023 时，可以根据需要更改界面的颜色，具体操作方法如下。

（1）选择菜单栏中的【编辑】|【首选项】|【外观】命令，如图 1-68 所示。

（2）此时界面是深灰色的，拖曳【首选项】对话框中的【亮度】滑块至最右侧，如图 1-69 所示，此时界面颜色会变亮。

图 1-68

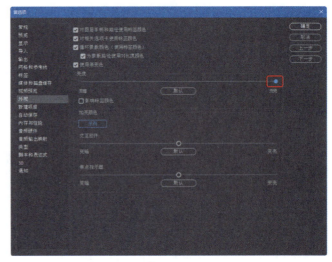

图 1-69

案例精讲 022　为素材添加效果

本案例主要讲解为素材添加效果，并修改参数制作特效的方法。最终效果如图 1-70 所示。

（1）打开"素材\Cha01\素材 14.aep"文件，如图 1-71 所示。

（2）在【效果和预设】面板中选择【过渡】|【卡片擦除】效果，然后将该效果拖曳至素材上。在【效果控件】面板中，将【翻转轴】设置为 X，将【翻转方向】设置为【正向】，将【翻转顺序】设置为【从左到右】，如图 1-72 所示。

图 1-70

图 1-71

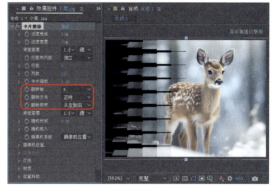

图 1-72

案例精讲 023　为素材添加文字

本案例主要讲解使用横排文字工具创建文字，并为文字添加描边的方法。最终效果如图 1-73 所示。

（1）打开"素材\Cha01\素材 15.aep"文件，如图 1-74 所示。

（2）选中【横排文字工具】按钮 T，在画面中单击创建一组文字，如图 1-75 所示。

图 1-73

图 1-74

图 1-75

(3）在【字符】面板中，将【字体】设置为 Monotype Corsiva，将【字符样式】设置为 Regular，将【字体大小】设置为 166 像素，将【描边宽度】设置为 1 像素，将【填充】和【描边】均设置为 #FFFFFF，如图 1-76 所示。

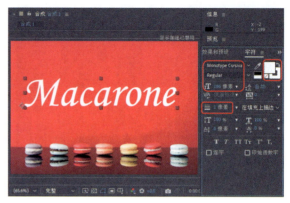

图 1-76

案例精讲 024　选择单个或多个图层

在操作项目的过程中，要针对图层进行编辑，首先需要选择相应的图层，本案例主要讲解选择单个或多个图层的方法。

（1）按 Ctrl+O 组合键，打开"素材\Cha01\素材 16.aep"文件，在【时间轴】面板中单击需要编辑的图层，如图 1-77 所示，即可选择单个图层。

（2）按住 Ctrl 键进行单击，可以选择多个图层，也可以按住鼠标左键拖动进行框选，如图 1-78 所示。

图 1-77

图 1-78

案例精讲 025　快速拆分图层

本案例主要讲解快速拆分图层的方法，下面让我们来学习在 After Effects 2023 中如何将图层首尾之间的时间点拆分开。

（1）按 Ctrl+O 组合键，打开"素材\Cha01\素材 16.aep"文件，将时间线拖曳至 0:00:00:15，然后选择【时间轴】面板中的所有图层。在菜单栏中选择【编辑】|【拆分图层】命令，也可以按 Ctrl+Shift+D 组合键，如图 1-79 所示。

（2）此时可以看到【时间轴】面板中的图层已经被拆分，效果如图 1-80 所示。

图 1-79　　　　　　　　　　　　　　　图 1-80

案例精讲 026　更改图层排序

本案例讲解在制作项目的过程中，如何调整图层的排列顺序。

（1）按 Ctrl+O 组合键，打开"素材\Cha01\素材 16.aep"文件，在【时间轴】面板中选择"小狗.jpg"图层，然后按住鼠标左键向上拖曳，调整图层顺序，也可以按 Ctrl+Shift+D 组合键，如图 1-81 所示。

（2）调整图层顺序后，显示出了不同的效果，如图 1-82 所示。

图 1-81　　　　　　　　　　　　　　　图 1-82

提示：
调整图层顺序时，也可以使用快捷键来调整，按 Ctrl+] 快捷键可以向上调整图层，按 Ctrl+[快捷键，可以向下调整图层。

案例精讲 027　更改图层混合模式

更改图层的混合模式可以达到出其不意的效果。下面介绍更改图层混合模式的方法。完成后的效果如图 1-83 所示。

（1）按 Ctrl+O 组合键，打开"素材 \Cha01\ 素材 17.aep"文件，如图 1-84 所示。

（2）选择【时间轴】面板中的"彩色遮罩 .jpg"图层，将【模式】设置为【屏幕】，将【不透明度】设置为 66%，如图 1-85 所示。

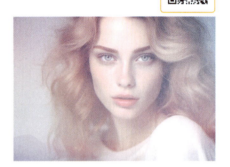

图 1-83

图 1-84

图 1-85

案例精讲 028　创建纯色图层

纯色图层可以用来制作蒙版，也可以添加特效制作出唯美的背景效果。下面介绍利用纯色图层制作背景的方法。完成后的效果如图 1-86 所示。

（1）在【项目】面板中右击，在弹出的快捷菜单中选择【新建合成】命令，如图 1-87 所示。

（2）弹出【合成设置】对话框，将【宽度】、【高度】分别设置为 600 px、643 px，如图 1-88 所示。

（3）在【时间轴】面板中右击，在弹出的快捷菜单中选择【新建】|【纯色】命令，如图 1-89 所示。

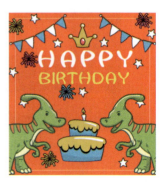

图 1-86

（4）弹出【纯色设置】对话框，将【颜色】设置为 #FB5A16，如图 1-90 所示。

图 1-87

图 1-88

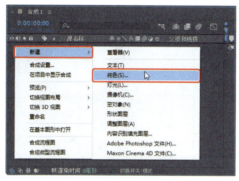

图 1-89

图 1-90

（5）设置完成后单击【确定】按钮，即可完成纯色图层的创建，如图 1-91 所示。

（6）将"生日贺卡 .png"素材文件置入项目文件中，将【缩放】均设置为 98%，如图 1-92 所示。

图 1-91

图 1-92

案例精讲 029　利用形状图层制作简约背景

本案例将讲解如何利用形状图层制作简约背景。最终效果如图1-93所示。

（1）打开"素材\Cha01\素材18.aep"文件，在【时间轴】面板中右击，在弹出的快捷菜单中选择【新建】|【形状图层】命令，如图1-94所示。

（2）选择新建的形状图层，选中【矩形工具】按钮，绘制一个矩形，将【描边】设置为无，将【填充1】下的【颜色】设置为#7FBBFF，将【变换：矩形1】下的【旋转】设置为54°，并调整其位置，如图1-95所示。

图 1-93

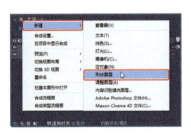

图 1-94

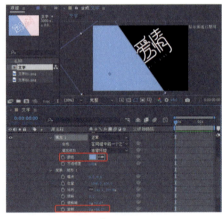

图 1-95

（3）复制该形状图层，将【颜色】设置为#FFD9ED，并调整其位置，如图1-96所示。

（4）在【时间轴】面板中选择这两个形状图层，按住鼠标左键将其拖曳至"文字01.png"图层的下方，效果如图1-97所示。

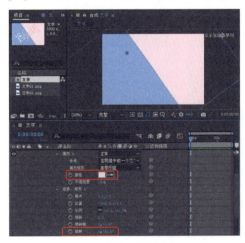

图 1-96

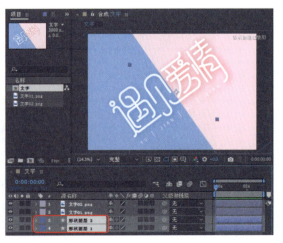

图 1-97

案例精讲 030　利用灯光图层制作聚光光照效果

灯光图层主要用来为该图层下的三维图层添加光照效果。灯光有很多种类型，可以根据自己的喜好来调整。下面介绍新建灯光的方法，最终效果如图 1-98 所示。

图 1-98

（1）按 Ctrl+O 组合键，打开"素材 \Cha01\ 素材 19.aep"文件，在【时间轴】面板中单击【3D 图层】按钮，如图 1-99 所示。

（2）在【时间轴】面板中右击，从弹出的快捷菜单中选择【新建】|【灯光】命令，如图 1-100 所示。

图 1-99

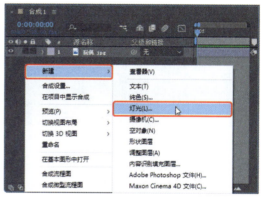

图 1-100

（3）弹出【灯光设置】对话框，保持默认设置，单击【确定】按钮。在【合成】面板中，将【变换】下的【目标点】设置为 1200、756、-729，将【位置】设置为 1206、469、-1529，如图 1-101 所示。

（4）将【灯光选项】设置为【聚光】，将【强度】设置为 130%，将【颜色】设置为 #FFFFFF，将【锥形羽化】设置为 100%，如图 1-102 所示。

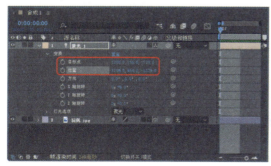

图 1-101

图 1-102

案例精讲 031　整理素材

本案例主要讲解在 After Effects 2023 中如何整理素材，自动清除未使用过的、重复的素材。

（1）打开"素材\Cha01\素材 20.aep"文件，如图 1-103 所示。

（2）选择菜单栏中的【文件】|【整理工程（文件）】|【删除未用过的素材】命令，如图 1-104 所示。

图 1-103

图 1-104

（3）在弹出的 After Effects 提示对话框中单击【确定】按钮，如图 1-105 所示。

（4）整理完成后，发现【项目】面板中未使用过的素材"照片 04.jpg"已经被删除，如图 1-106 所示。

图 1-105　　　　　　　　　　图 1-106

Chapter 02 关键帧动画

本章导读：

在制作视频特效时，经常需要设置关键帧动画。通过设置图层或效果中的参数关键帧，能够制作出流畅的动画效果，使视频画面更加顺畅多变。本章将通过多个案例讲解设置关键帧动画的相关知识，使读者更加深入地了解关键帧的设置技巧。

案例精讲 032　创建关键帧

本案例通过对位置和缩放设置关键帧动画，从而达到位置和缩放的变换，效果如图 2-1 所示。

（1）打开"素材 \Cha02\ 素材 01.aep"文件，将当前时间设置为 0:00:00:00，在【时间轴】面板中选择"001.jpg"素材文件，单击【位置】、【缩放】左侧的【时间变化秒表】按钮，如图 2-2 所示。

（2）将当前时间设置为 0:00:04:00，将【变换】下的【位置】设置为 859、530，将【缩放】均设置为 180%，如图 2-3 所示。

图 2-1

图 2-2　　　　　　　　　　　图 2-3

（3）至此，关键帧动画设置完成，拖动时间线可以查看效果。

> **提示：**
> 使用动画属性制作关键帧动画时，至少要添加两个不同参数的关键帧，使画面在一定时间内产生不同的运动或变化，这个过程就是动画。

案例精讲 033　选择关键帧

本案例讲解选择单个或者多个关键帧的方法，效果如图 2-4 所示。

（1）按 Ctrl+O 组合键，打开"素材 \Cha02\ 素材 02.aep"文件，在【工具】面板中选中【选取工具】按钮，在需要选择的关键帧上单击，即可选择该关键帧，如图 2-5 所示。

028

第 02 章 关键帧动画

图 2-4

图 2-5

（2）按住 Shift 键并单击，即可选择多个关键帧，如图 2-6 所示。

图 2-6

（3）拖动鼠标左键框选，可以选择多个连续的关键帧，如图 2-7 所示。

图 2-7

案例精讲 034　复制和粘贴关键帧

本案例讲解使用快捷键复制和粘贴关键帧的方法，效果如图 2-8 所示。

图 2-8

（1）按 Ctrl+O 组合键，打开"素材\Cha02\素材 03.aep"素材文件，在【工具】面板中选中【选取工具】按钮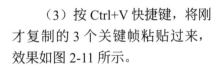，拖动鼠标左键框选 3 个关键帧，按 Ctrl+C 快捷键进行复制，如图 2-9 所示。

图 2-9

（2）将当前时间设置为 0:00:01:00，如图 2-10 所示。

图 2-10

（3）按 Ctrl+V 快捷键，将刚才复制的 3 个关键帧粘贴过来，效果如图 2-11 所示。

图 2-11

关键帧动画　第 02 章

提示：
也可以通过菜单栏中的【编辑】|【复制】命令，或【编辑】|【粘贴】命令来复制和粘贴关键帧，如图 2-12 所示。

图 2-12

案例精讲 035　删除关键帧

本案例主要讲解删除关键帧的方法。

（1）继续上一个案例的操作，在【工具】面板中选中【选取工具】按钮，拖动鼠标左键，选择如图 2-13 所示的关键帧。

（2）在菜单栏中选择【编辑】|【清除】命令，或按 Delete 键，如图 2-14 所示。

图 2-13　　　　　　　　　　　图 2-14

（3）此时可以看到选中的关键帧已经被删除，效果如图 2-15 所示。

图 2-15

031

案例精讲 036　为视频添加字幕

本案例将介绍如何利用关键帧为视频添加字幕，完成后的效果如图 2-16 所示。

图 2-16

（1）按 Ctrl+O 组合键，打开"素材\Cha02\视频素材 01.aep"文件，将【项目】面板中的"视频素材 02.mp4"文件拖曳至【时间轴】面板中，此时拖曳时间线，在【合成】面板中可以查看视频效果，如图 2-17 所示。

（2）在【工具】面板中单击【横排文字工具】按钮 T，在【合成】面板中单击，输入文字。按 Ctrl+6 组合键打开【字符】面板，将【字体系列】设置为【华文行楷】，将【字体大小】设置为 94 像素，将【字符间距】设置为 100，将【填充颜色】的 RGB 值设置为 255、255、255，将【描边颜色】设置为无，如图 2-18 所示。

图 2-17

图 2-18

（3）单击【时间轴】面板底部的 按钮，将文本的持续时间设置为 0:00:03:12，如图 2-19 所示。

（4）将当前时间设置为 0:00:00:00，在【时间轴】面板中选择文字图层，将其展开，将【变换】下的【位置】设置为 727、1015，将【不透明度】设置为 0，单击【不透明度】左侧的【时间变化秒表】按钮，如图 2-20 所示。

第 02 章 关键帧动画

图 2-19　　　　　　　　　　　　图 2-20

（5）将当前时间设置为 0:00:01:19，将【不透明度】设置为 100%，如图 2-21 所示。

（6）将当前时间设置为 0:00:03:05，将【不透明度】设置为 0，如图 2-22 所示。

> **提示：**
> 当某个特定属性的【时间变化秒表】按钮 处于活动状态时，如果用户更改属性值，那么 After Effects 2023 将在当前时间自动添加或更改该属性的关键帧。

图 2-21　　　　　　　　　　　　图 2-22

（7）在【工具】面板中选中【横排文字工具】按钮，在【合成】面板中单击，输入文字。在【字符】面板中将【字体系列】设置为【华文行楷】，将【字体大小】设置为 94 像素，将【字符间距】设置为 100，将【填充颜色】的 RGB 设置为 255、255、255，将【描边颜色】设置为无，如图 2-23 所示。

（8）在【时间轴】面板中将【持续时间】设置为 0:00:04:22，将【入】设置为 0:00:03:28，将【出】设置为 0:00:08:19，如图 2-24 所示。

033

图 2-23

图 2-24

（9）将当前时间设置为 0:00:04:11，在【时间轴】面板中选择文字图层，将其展开，将【变换】下的【位置】设置为 707、1015，将【不透明度】设置为 0，单击【不透明度】左侧的【时间变化秒表】按钮，如图 2-25 所示。

（10）将当前时间设置为 0:00:06:07，将【不透明度】设置为 100%，如图 2-26 所示。

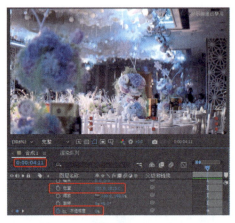
图 2-25

图 2-26

（11）将当前时间设置为 0:00:08:03，将【不透明度】设置为 0，如图 2-27 所示。

（12）根据前面介绍的方法，输入其他文本并设置关键帧动画，最终效果如图 2-28 所示。

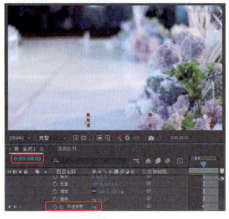
图 2-27

图 2-28

第 02 章 关键帧动画

案例精讲 037　制作点击关注动画

本案例将介绍如何制作点击关注动画，最终效果如图 2-29 所示。

（1）按 Ctrl+O 组合键，打开"素材\Cha02\关注素材 01.aep"文件，在【项目】面板中选择"关注素材 02.mp4"文件，将其拖曳至【时间轴】面板中，如图 2-30 所示。

（2）在【项目】面板中将"关注素材 03.png"文件拖曳至【时间轴】面板中，将当前时间设置为 0:00:01:19，将【锚点】设置为 1000、1000，将【位置】设置为 551、1161，将【不透明度】设置为 0，单击【不透明度】左侧的【时间变化秒表】按钮 ，如图 2-31 所示。

图 2-29

图 2-30

图 2-31

（3）将当前时间设置为 0:00:02:00，将【缩放】均设置为 12%，单击【缩放】左侧的【时间变化秒表】按钮 ，将【不透明度】设置为 100%，如图 2-32 所示。

（4）将当前时间设置为 0:00:02:04，将【缩放】均设置为 10%，如图 2-33 所示。

图 2-32

图 2-33

（5）将当前时间设置为 0:00:02:07，将【缩放】均设置为 12%，将【不透明度】设置为 0，如图 2-34 所示。

（6）至此，点击关注动画制作完成，拖动时间线即可在【合成】面板中预览效果。

图 2-34

案例精讲 038　制作黑板摇摆动画（视频案例）

本案例将介绍如何制作黑板摇摆动画。首先添加素材，然后输入文字，并将文字图层与黑板所在图层进行链接，最后设置黑板所在图层的【旋转】参数。完成后的效果如图 2-35 所示。

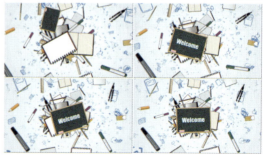
图 2-35

第 02 章 关键帧动画

案例精讲 039　制作时钟旋转动画

本案例将介绍如何制作时钟旋转动画。完成后的效果如图 2-36 所示。

图 2-36

（1）在【项目】面板中双击，在弹出的【导入文件】对话框中选择"钟表 .psd"素材文件，如图 2-37 所示。

（2）单击【导入】按钮，在弹出的【钟表 .psd】对话框中将【导入种类】设置为【合成】，选中【合并图层样式到素材】单选按钮，如图 2-38 所示。

图 2-37

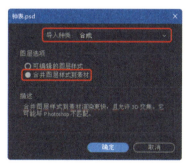

图 2-38

（3）设置完成后单击【确定】按钮。在【项目】面板中双击【钟表】合成，在【时间轴】面板中选择"秒针"图层，将当前时间设置为 0:00:00:00，将【锚点】设置为 370、771，将【位置】设置为 373、771，将【旋转】设置为 -26°，并单击其左侧的【时间变化秒表】按钮，如图 2-39 所示。

（4）将当前时间设置为 0:00:02:22，将【旋转】设置为 102°，如图 2-40 所示。

（5）将合成添加到渲染队列中并输出视频，最后保存场景文件。

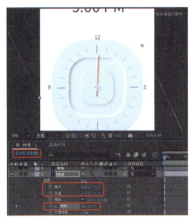
图 2-39

图 2-40

案例精讲 040　制作花束欣赏动画（视频案例）

本案例将介绍如何制作花束欣赏动画。首先添加素材，然后设置各个图层的出场位置关键帧动画，最后新建调整图层，并为调整图层添加碎片效果。完成后的效果如图 2-41 所示。

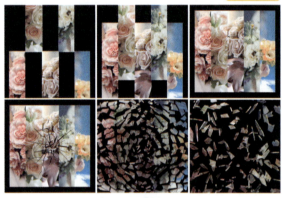
图 2-41

案例精讲 041　制作美食欣赏动画

本案例主要介绍制作美食欣赏动画的方法，完成后的效果如图 2-42 所示。

图 2-42

(1）按 Ctrl+O 组合键，打开"素材\Cha02\美食素材 01.aep"文件，在【项目】面板中选择"美食素材 02.mp4"文件，将其拖曳到【时间轴】面板中，将【缩放】均设置为 36.5%，如图 2-43 所示。

(2）在【项目】面板中将"展示 02.png"素材文件拖曳到【时间轴】面板中，将其名称修改为"展示 02"，并将【缩放】均设置为 35%，如图 2-44 所示。

图 2-43

图 2-44

(3）在【时间轴】面板中单击底部的 按钮，此时可以设置【入】、【出】【持续时间】等参数，将【入】设置为 0:00:00:00，将【持续时间】设置为 0:00:03:00，如图 2-45 所示。

> 提示：
> 在设置【入】参数时，也可以首先设置当前时间，例如，将当前时间设置为 0:00:11:00，此时按住 Alt 键单击【入】下面的时间数值，素材图层的起始位置便处于 0:00:11:00 处。

(4）将当前时间设置为 0:00:01:00，在【时间轴】面板中展开"展示 02"图层的【变换】选项组，单击【位置】左侧的【时间变化秒表】按钮 ，添加关键帧，并将【位置】设置为 833、384，如图 2-46 所示。

图 2-45

图 2-46

（5）将当前时间设置为0:00:02:00，并将【位置】设置为202、384，如图2-47所示。

（6）在【项目】面板中选择"展示01.png"素材文件并将其拖曳至【时间轴】面板中，然后将其放置在"展示02"图层的上方，修改名字为"展示01"，将【入】设置为0:00:00:00，将【持续时间】设置为0:00:03:00，如图2-48所示。

图 2-47

图 2-48

（7）将当前时间设置为0:00:01:00，展开"展示01"图层的【变换】选项组，分别单击【缩放】和【位置】左侧的【时间变化秒表】按钮，并将【位置】设置为202、384，将【缩放】均设置为35%，如图2-49所示。

（8）将当前时间设置为0:00:02:00，将【位置】设置为512、384，将【缩放】均设置为40%，如图2-50所示。

图 2-49

图 2-50

（9）在【项目】面板中选择"展示03.png"素材文件并将其拖曳至【时间轴】面板中，然后将其放置在"展示01"图层的上方，修改名称为"展示03"，将【入】设置为0:00:00:00，将【持续时间】设置为0:00:03:00，如图2-51所示。

（10）将当前时间设置为 0:00:01:00，在【时间轴】面板中展开"展示 03"图层的【变换】选项组，单击【位置】和【缩放】左侧的【时间变化秒表】按钮，添加关键帧，并将【位置】设置为 512、384，将【缩放】均设置为 40%，如图 2-52 所示。

图 2-51

图 2-52

（11）将当前时间设置为 0:00:02:00，在【时间轴】面板中将"展示 03"图层的【位置】设置为 833、384，将【缩放】均设置为 35%，如图 2-53 所示。

（12）使用同样的方法制作其他展示效果，设置相应的关键帧动画，如图 2-54 所示。

图 2-53

图 2-54

（13）在【工具】面板中选中【横排文字工具】按钮，输入"中华美食"文本，在【字符】面板中将【字体系列】设置为【长城新艺体】，将【字体大小】设置为 138 像素，将【字符间距】设置为 300，将【字体颜色】设置为 #2E5CA9，并适当调整文本的位置，如图 2-55 所示。

(14)继续使用横排文字工具输入文本"ZHONG HUA MEI SHI",在【字符】面板中将【字体系列】设置为【长城新艺体】,将【字体大小】设置为66像素,将【字符间距】设置为90,将【字体颜色】设置为#2E5CA9,并适当调整文本的位置,如图2-56所示。

图 2-55

图 2-56

(15)在【时间轴】面板中选择上一步创建的两个文字图层,将【入】设置为0:00:09:00,将【持续时间】设置为0:00:05:18,如图2-57所示。

(16)将当前时间设置为0:00:09:05,在【效果和预设】面板中选择【动画预设】| Text | Animate In |【平滑移入】特效,将其分别添加到两个文字图层上,如图2-58所示。

图 2-57

图 2-58

Chapter 03 蒙版与遮罩

本章导读:

蒙版可以通过蒙版图层中的图形或轮廓对象透出下面图层中的内容。基于蒙版的特性,蒙版被广泛用于图像合成中。本章将通过多个案例讲解如何绘制蒙版,以及通过设置蒙版与遮罩表现图形图像。

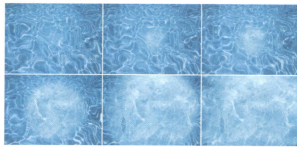

案例精讲 042　制作创意彩色边框效果

本案例首先绘制多个圆，并设置对象遮罩的混合模式，然后为其添加投影效果制作投影，最后输入文本并设置字体和颜色，完成创意彩色边框效果的制作，最终效果如图 3-1 所示。

（1）按 Ctrl+O 组合键，打开"素材 \Cha03\ 边框素材 01.aep"文件，在【时间轴】面板的空白位置右击，在弹出的快捷菜单中选择【新建】|【纯色】命令，如图 3-2 所示。

图 3-1

（2）在弹出的对话框中将【颜色】设置为 #FEE902，单击【确定】按钮，效果如图 3-3 所示。

图 3-2

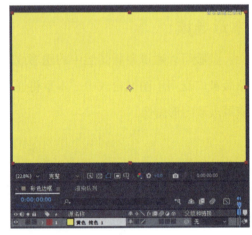

图 3-3

（3）在【项目】面板中将"边框素材 02.jpg"文件拖曳至【时间轴】面板中，将【位置】设置为 1720、586，如图 3-4 所示。

（4）选中"边框素材 02.jpg"文件，再选中【椭圆工具】按钮，按住 Shift 键拖动鼠标绘制出一个圆形遮罩，单击【蒙版 1】下方的【形状】按钮，弹出【蒙版形状】对话框，将【顶部】、【底部】分别设置为 558 像素、1694 像素，将【左侧】、【右侧】分别设置为 56 像素、1192 像素，如图 3-5 所示。

（5）单击【确定】按钮，此时在【合成】面板中查看效果，如图 3-6 所示。

（6）在【时间轴】面板中新建一个颜色为 #05C8F9 的纯色图层，然后选中该纯色图层，再选中【椭圆工具】按钮，按住 Shift 键拖动鼠标依次绘制出两个圆形遮罩。将【蒙版 1】蒙版形状的【顶部】、【底部】分别设置为 97.7 像素、1393 像素，将【左侧】、【右侧】分别设置为 939 像素、2234 像素，单击【确定】按钮。将【蒙版 2】蒙版形状的【顶部】、【底部】分别设置为 207.2 像素、1276.5 像素，将【左侧】、【右侧】分别设置为 1060 像素、2130 像素，单击【确定】按钮。设置完成后的效果如图 3-7 所示。

蒙版与遮罩　第 03 章

图 3-4

图 3-5

图 3-6

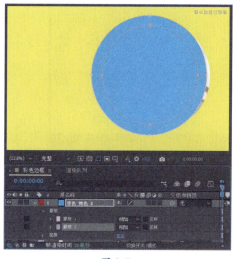

图 3-7

（7）将【蒙版1】的【模式】设置为【相加】，将【蒙版2】的【模式】设置为【相减】，将【位置】设置为1345、791，将【缩放】均设置为112.8%，如图3-8所示。

（8）在【效果和预设】面板中搜索【投影】特效，将其添加至当前纯色图层上，在【效果控件】面板中将【距离】设置为15，将【柔和度】设置为35，如图3-9所示。

（9）新建一个颜色为#F90561的纯色图层，使用椭圆工具绘制两个圆，将【蒙版1】蒙版形状的【顶部】、【底部】分别设置为145像素、1365像素，将【左侧】、【右侧】分别设置为1130像素、2350像素，单击【确定】按钮。将【蒙版2】蒙版形状的【顶部】、【底部】分别设置为180像素、1320像素，将【左侧】、【右侧】分别设置为1130像素、2270像素，单击【确定】按钮。设置完成后的效果如图3-10所示。

（10）将【蒙版1】的【模式】设置为【相加】，【蒙版2】的【模式】设置为【相减】，如图3-11所示。

045

图 3-8

图 3-9

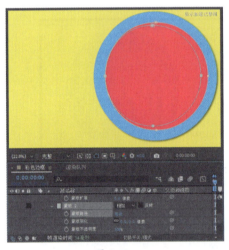
图 3-10

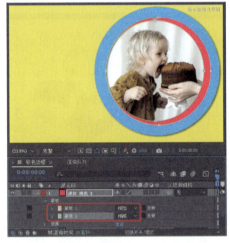
图 3-11

（11）使用横排文字工具输入文本，在【字符】面板中将【字体】设置为 DYLOVASTUFF，将【字体大小】设置为 180 像素，将【字符间距】设置为 50，将【字体颜色】设置为 #05C8F9，单击【仿粗体】按钮 T、【全部大写字母】按钮 TT，如图 3-12 所示。

（12）选择"E""G"文本，将【字体颜色】设置为 #F90561，效果如图 3-13 所示。

图 3-12

图 3-13

案例精讲 043　制作照片剪切效果

本案例将介绍如何制作照片剪切效果。首先添加背景图片，然后使用圆角矩形工具绘制蒙版，最后调整图层的顺序并添加素材图片，完成后的效果如图 3-14 所示。

（1）按 Ctrl+O 组合键，打开"素材 \Cha03\ 照片素材 01.aep"文件，将【项目】面板中的"照片素材 02.jpg"图片文件添加到【时间轴】面板中，在【合成】面板中查看效果，如图 3-15 所示。

（2）将【项目】面板中的"照片素材 03.jpg"图片文件添加到【时间轴】面板中，将【位置】设置为 1280、877，将【缩放】均设置为 44%，如图 3-16 所示。

图 3-14

图 3-15

图 3-16

（3）在【工具】面板中选中【圆角矩形工具】按钮，在【合成】面板中绘制圆角矩形，创建蒙版。在【时间轴】面板中单击【蒙版 1】下方的【形状】按钮，弹出【蒙版形状】对话框，将【顶部】、【底部】分别设置为 1741 像素、4177 像素，将【左侧】、【右侧】分别设置为 10.5 像素、3610.5 像素，单击【确定】按钮，如图 3-17 所示。

（4）在【效果和预设】面板中搜索【曲线】效果，为"照片素材 03.jpg"文件添加曲线效果，在【效果控件】面板中添加一个曲线锚点，并调整位置，如图 3-18 所示。

图 3-17

图 3-18

知识链接：蒙版的作用

在 After Effects 2023 中，蒙版具有多种功能。它可以修改图层属性、效果和属性的路径。蒙版的最常见用法是修改图层的 Alpha 通道，以确定每个像素点在图层上的不透明度。蒙版的另一个常见用法是设置文本的动画路径。

闭合蒙版路径可以为图层创建透明区域；开放蒙版路径则无法为图层创建透明区域，但可以修改效果参数。无论是开放蒙版路径还是闭合蒙版路径，都可以作为输入用于多种效果，包括描边、路径文本、音频波形、音频频谱及勾画。不过，只有闭合蒙版路径可以作为输入用于一些特定效果，包括填充、涂抹、改变形状、粒子运动场，以及内部/外部键。

蒙版属于特定图层，每个图层可以包含多个蒙版。

用户可以使用形状工具在常见几何形状（包括多边形、椭圆和星形）中绘制蒙版，或者使用钢笔工具来绘制任意路径。

虽然蒙版路径的编辑和插值可提供一些额外功能，但绘制蒙版路径的方法与在形状图层上绘制形状路径基本相同。用户可以使用表达式将蒙版路径链接到形状路径，这样能够将蒙版的优点融入形状图层，反之亦然。

蒙版在【时间轴】面板中的堆叠顺序会影响它与其他蒙版的交互方式。用户也可以将蒙版拖曳到【时间轴】面板的【蒙版】属性组内的其他位置。

蒙版的【不透明度】属性决定了闭合蒙版对蒙版区域内图层的 Alpha 通道的影响。100% 的蒙版不透明度值对应于完全不透明的内部区域。蒙版外部的区域始终是完全透明的。要反转特定蒙版内部和外部区域的不透明度，需要在【时间轴】面板中选中蒙版名称旁边的【反转】复选框。

（5）将【项目】面板中的"照片素材 04.png"图片文件添加到【时间轴】面板中，将【位置】设置为 972、1032，如图 3-19 所示。

（6）将【项目】面板中的"照片素材 05.png"图片文件添加到【时间轴】面板中，将【位置】设置为 2060、1396，如图 3-20 所示。

图 3-19　　　　　　　　　　图 3-20

案例精讲 044　制作水面结冰效果

本案例将介绍如何制作水面结冰效果。首先添加素材图片，接着为图层添加【湍流置换】效果，然后使用椭圆工具绘制蒙版，最后设置图层蒙版的【蒙版羽化】和【蒙版扩展】参数，完成后的效果如图 3-21 所示。

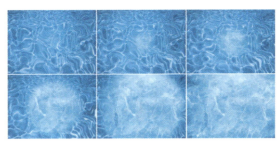

图 3-21

 知识链接：【湍流置换】效果

【湍流置换】效果可使用分形杂色在图像中创建湍流扭曲效果。例如，可以使用此效果创建流水、哈哈镜和摆动的旗帜。

- 【置换】：用于确定湍流的类型。除了【更平滑】选项可创建更平滑的变形且需要更长的渲染时间外，【湍流较平滑】、【凸出较平滑】和【扭转较平滑】选项可执行的操作与【湍流】、【凸出】和【扭转】选项相同。【垂直置换】选项仅使图像垂直变形。【水平置换】选项仅使图像水平变形。【交叉置换】选项可使图像垂直、水平变形。
- 【数量】：值越大，扭曲程度越大。
- 【大小】：值越大，扭曲区域越大。
- 【偏移（湍流）】：用于确定创建扭曲的部分分形形状。
- 【复杂度】：用于确定湍流的详细程度。值越小，扭曲越平滑。
- 【演化】：设置该参数将会产生波动效果。
- 【演化选项】：用于提供控件，以便在一次短循环中渲染效果，然后在图层持续时间内循环它。使用这些控件可预渲染循环中的湍流元素，因此可以缩短渲染时间。
  - 【循环演化】：可创建使演化状态返回其起点的循环。
  - 【循环】：分形在重复之前循环所使用的【演化】设置的旋转次数。【演化】关键帧之间的时间可确定演化循环的时间安排。【循环】控件仅影响分形状态，不影响几何图形或其他控件，因此可使用不同的大小或位移来获得不同的结果。
  - 【随机植入】：用于指定生成分形杂色使用的值。为此属性设置动画会导致以下结果：从一组分形形状闪光到另一组分形形状（在同一分形类型内）。此结果通常不是用户需要的结果。为使分形杂色平滑过渡，可为【演化】属性设置动画。通过重复使用以前创建的【演化】循环，并仅更改随机植入值，可创建新的湍流动画。使用新的随机植入值可改变杂色图，而不扰乱【演化】动画。
- 【固定】：用于指定要固定的边缘，以使沿这些边缘分布的像素不进行置换。
- 【调整图层大小】：使扭曲图像扩展到图层的原始边界之外。

（1）按 Ctrl+O 组合键，打开"素材\Cha03\水面素材 01.aep"素材文件，将【项目】面板中的"水面.jpg"素材图片添加到【时间轴】面板中，在【合成】面板中查看效果，如图 3-22 所示。

（2）在菜单栏中选择【效果】|【扭曲】|【湍流置换】命令，如图 3-23 所示。

图 3-22　　　　　　　　　　　图 3-23

（3）将当前时间设置为 0:00:00:00，将【数量】设置为 150，将【大小】设置为 20，将【偏移（湍流）】设置为 75、150，单击其左侧的【时间变化秒表】按钮，如图 3-24 所示。

（4）将当前时间设置为 0:00:05:24，将【偏移（湍流）】设置为 160、150，如图 3-25 所示。

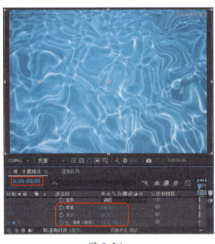
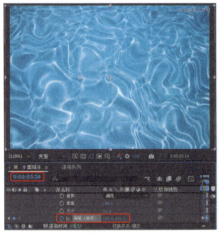

图 3-24　　　　　　　　　　　图 3-25

（5）将"冰面.jpg"素材图片添加到【时间轴】面板的"水面"图层上方，选中"冰面.jpg"图层，在【工具】面板中选中【椭圆工具】按钮，在【合成】面板中绘制一个椭圆形蒙版，如图 3-26 所示。

（6）将当前时间设置为 0:00:00:00，将【蒙版羽化】均设置为 40.0 像素，单击【蒙版扩展】左侧的【时间变化秒表】按钮，将【蒙版扩展】设置为 -5 像素，如图 3-27 所示。

第03章 蒙版与遮罩

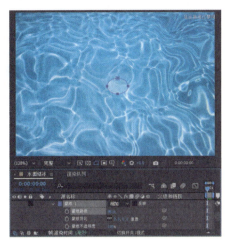

图 3-26

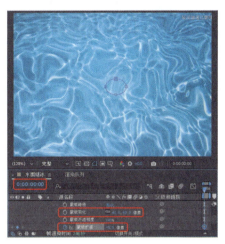

图 3-27

（7）将当前时间设置为0:00:05:24，将【蒙版扩展】设置为260像素，如图3-28所示。

至此，即可完成水面结冰效果的制作。

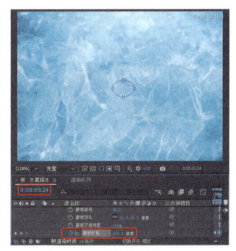

图 3-28

案例精讲 045　动态显示图片（视频案例）

本案例将介绍如何动态显示图片。首先添加素材图片，然后在图层上使用椭圆工具绘制蒙版，再通过设置蒙版形状来显示图片，添加多个图层和蒙版后完成效果的制作。完成后的效果如图3-29所示。

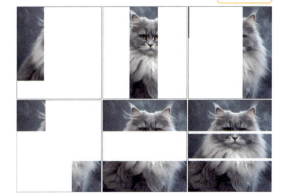

图 3-29

051

案例精讲 046　制作星球运行效果

本案例将介绍如何制作星球运行效果。首先添加素材图片，为其设置【缩放】关键帧，然后导入新图层并在图层上使用椭圆工具绘制蒙版，接着设置【蒙版羽化】参数来显示星球图片，最后将星球图层转换为3D图层并设置【位置】关键帧。完成后的效果如图3-30所示。

图 3-30

（1）按 Ctrl+O 组合键，打开"素材\Cha03\星球素材01.aep"文件，将【项目】面板中的"星球素材02.jpg"图片拖曳到【时间轴】面板中。将当前时间设置为0:00:00:00，将【缩放】均设置为60%，并单击其左侧的【时间变化秒表】按钮◎，如图3-31所示。

（2）将当前时间设置为0:00:04:24，然后将【缩放】均设置为80%，如图3-32所示。

图 3-31

图 3-32

（3）将【项目】面板中的"星球素材03.jpg"图片添加到【时间轴】面板中，将其放置在"星球素材02.jpg"图层的上方，然后将【缩放】均设置为31%，如图3-33所示。

（4）选中"星球素材03.jpg"图层，在【工具】面板中选中【椭圆工具】按钮◎，在【合成】面板中沿星球轮廓绘制一个圆形蒙版，将【蒙版羽化】均设置为20像素，如图3-34所示。

 提示：

在绘制圆形蒙版时，需要按住 Ctrl+Shift 组合键围绕星球中心绘制，并按住空格键移动绘制的图形。

（5）将"星球素材03.jpg"图层的◎图标打开，将其转换为3D图层。将当前时间设置为0:00:00:00，将"星球素材03.jpg"图层的【位置】设置为239、206、-260，单击【位置】左侧的【时间变化秒表】按钮◎，如图3-35所示。

052

（6）将当前时间设置为 0:00:04:24，将"星球素材 03.jpg"图层的【位置】设置为 239、206、0，如图 3-36 所示。

图 3-33

图 3-34

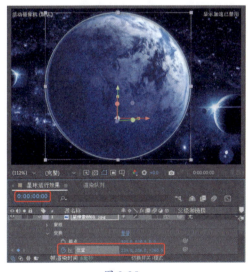

图 3-35

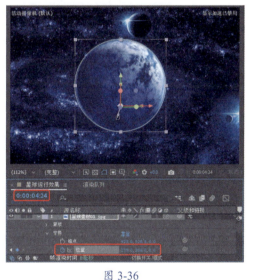

图 3-36

（7）将合成添加到渲染队列中并输出视频，最后保存场景文件。

案例精讲 047　制作书写文字效果（视频案例）

本案例将介绍如何制作书写文字效果。首先添加素材图片并输入文字，然后在图层上使用钢笔工具绘制多个蒙版路径，接着为图层添加多个描边效果，并设置蒙版路径描边效果。完成后的效果如图 3-37 所示。

图 3-37

案例精讲 048　制作墙体爆炸效果

本案例将介绍如何制作墙体爆炸效果。首先添加素材图片和视频，并设置视频图层的模式，然后在图片图层上使用圆角矩形工具绘制蒙版，接着为图片图层添加碎片效果，最后添加声音素材。完成后的效果如图 3-38 所示。

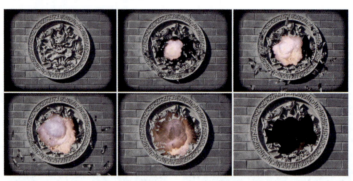

图 3-38

（1）按 Ctrl+O 组合键，打开"素材\Cha03\爆炸素材 01.aep"文件，将【项目】面板中的"爆炸素材 02.wav"文件添加到【时间轴】面板中，如图 3-39 所示。

（2）将"爆炸素材 03.avi"文件拖曳至"爆炸素材 02.wav"图层上方，将【位置】设置为 233.5、151，将【缩放】均设置为 130%，如图 3-40 所示。

图 3-39

图 3-40

（3）在【时间轴】面板中将"爆炸素材 03.avi"的【入】设置为 -0:00:00:05，如图 3-41 所示。

（4）继续选中该图层，将【模式】设置为【变亮】，如图 3-42 所示。

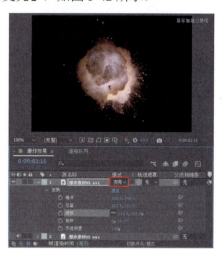

图 3-41　　　　　　　　　　　　　　　图 3-42

（5）在【项目】面板中选择"爆炸素材 04.jpg"文件，按住鼠标左键将其拖曳至"爆炸素材 03.avi"图层的下方，打开其 3D 模式。将当前时间设置为 0:00:00:00，将【位置】设置为 213.5、150、100，并单击其左侧的【时间变化秒表】按钮，如图 3-43 所示。

（6）将当前时间设置为 0:00:05:24，将【位置】设置为 213.5、150、-100，如图 3-44 所示。

图 3-43　　　　　　　　　　　　　　　图 3-44

（7）在【时间轴】面板中选择"爆炸素材 04.jpg"文件，在【工具】面板中选中【圆角矩形工具】按钮，绘制蒙版，将"爆炸素材 04.jpg"图层中的【蒙版羽化】均设置为 20 像素，效果如图 3-45 所示。

（8）选中"爆炸素材 04.jpg"图层，并在菜单栏中选择【效果】|【模拟】|【碎片】命令。在【效果控件】面板中，将【碎片】效果的【视图】设置为【已渲染】，将【形状】下的【图案】设置为【玻璃】，将【重复】设置为 20，将【作用力 1】下的【深度】设置为 0.14，将【半径】设置为 0.16，如图 3-46 所示。

图 3-45

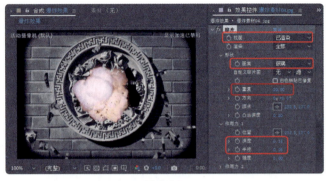

图 3-46

案例精讲 049　制作撕纸效果

本案例将介绍如何制作撕纸效果。首先创建纯色图层，然后在图层上设置湍流杂色效果，接着创建文字图层并绘制蒙版，创建新的合成，并将前面创建的合成添加到新的合成中，最后设置 CC Page Turn、投影和色阶等效果。完成后的效果如图 3-47 所示。

图 3-47

（1）在【项目】面板中右击，在弹出的快捷菜单中选择【新建合成】命令，打开【合成设置】对话框，将【合成名称】设置为"01"，将【宽度】、【高度】分别设置为 720px、576px，将【像素长宽比】设置为 D1/DV PAL（1.09），将【持续时间】设置为 0:00:05:00，将【背景颜色】设置为白色，单击【确定】按钮，如图 3-48 所示。

（2）在【时间轴】面板中右击，在弹出的快捷菜单中选择【新建】|【纯色】命令，在打开的【纯色设置】对话框中将【颜色】设置为黑色，然后单击【确定】按钮，如图 3-49 所示。

（3）在【时间轴】面板中选中"黑色 纯色 1"图层，在菜单栏中选择【效果】|【杂色和颗粒】|【湍流杂色】命令，如图 3-50 所示，为选中的图层添加湍流杂色效果。

(4）切换到【效果控件】面板，将【湍流杂色】中的【溢出】设置为【剪切】，如图 3-51 所示。

图 3-48

图 3-49

图 3-50

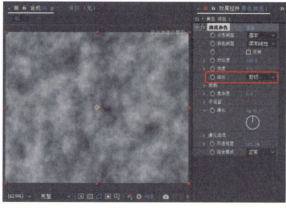
图 3-51

（5）按 Ctrl+N 组合键，在弹出的【合成设置】对话框中将【合成名称】设置为"02"，然后单击【确定】按钮，如图 3-52 所示。

（6）将【项目】面板中的合成"01"添加到【时间轴】面板中的合成"02"中，如图 3-53 所示。

图 3-52　　　　　　　　　　　　图 3-53

(7)在【时间轴】面板中将"01"图层的 图标关闭,然后在【工具】面板中选中【横排文字工具】按钮 ,在【合成】面板中输入字母"SALE"。在【字符】面板中将【字体】设置为Impact,将【字体大小】设置为320像素,将【垂直缩放】设置为200%,将【水平缩放】设置为140%,将【字符间距】设置为-50,将字体颜色设置为#EDFFFF,如图3-54所示。

(8)在【时间轴】面板中选中文字图层,使用【钢笔工具】 在【合成】面板中绘制蒙版形状,如图3-55所示。

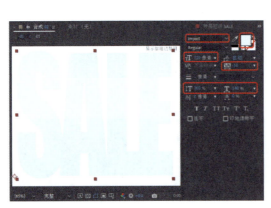 

图 3-54　　　　　　　　　　　　　　图 3-55

 提示:

在绘制蒙版形状时,先绘制蒙版的基本形状,然后通过调整蒙版的顶点来得到蒙版的最终形状。

(9)选中【时间轴】面板中的文字图层,在菜单栏中选择【效果】|【杂色和颗粒】|【湍流杂色】命令。在【效果控件】面板中将【溢出】设置为【剪切】,将【变换】中的【缩放】设置为50,将【不透明度】设置为50%,如图3-56所示。

(10)选中文字图层,在菜单栏中选择【效果】|【风格化】|【纹理化】命令。在【效果控件】面板中,将【纹理化】中的【纹理图层】设置为2.01,将【纹理对比度】设置为2,如图3-57所示。

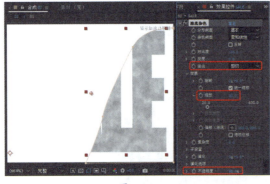 

图 3-56　　　　　　　　　　　　　　图 3-57

（11）在【项目】面板中选中"02"合成，按 Ctrl+D 组合键复制出"03"合成，如图 3-58 所示。

（12）在【项目】面板中双击"03"合成，将【项目】面板中的"02"合成添加到【时间轴】面板中的"03"合成的顶端，如图 3-59 所示。

图 3-58　　　　　　　　　　　　　图 3-59

（13）在【时间轴】面板中将文字图层的【蒙版】展开，选中【蒙版 1】右侧的【反转】复选框，如图 3-60 所示。

（14）在【时间轴】面板中选中"02"图层，在菜单栏中选择【效果】|【扭曲】|CC Page Turn 命令，如图 3-61 所示。

图 3-60　　　　　　　　　　　　　图 3-61

（15）将当前时间设置为 0:00:00:00，在【效果控件】面板中，将 CC Page Turn 中的 Controls 设置为 Classic UI，将 Fold Position 设置为 690、20，并单击其左侧的【时间变化秒表】按钮，将 Fold Direction 设置为 210°，将 Light Direction 设置为 10°，将 Render 设置为 Front Page，如图 3-62 所示。

（16）将当前时间设置为 0:00:04:24，在【效果控件】面板中将 CC Page Turn 中的 Fold Position 设置为 300、590，如图 3-63 所示。

图 3-62

图 3-63

（17）在【时间轴】面板中选中"02"图层并右击，在弹出的快捷菜单中选择【重命名】命令，将其重命名为"021"，然后按 Ctrl+D 组合键将其复制 3 次，如图 3-64 所示。

图 3-64

（18）选中"022"图层，在【效果控件】面板中，将 CC Page Turn 中的 Render 设置为 Back Page，将 Back Page 设置为 4.02，将 Back Opacity 设置为 100，如图 3-65 所示。

（19）在菜单栏中选择【效果】|【透视】|【投影】命令。在【效果控件】面板中，将【投影】中的【方向】设置为 90°，将【距离】设置为 10，将【柔和度】设置为 10，并选中【仅阴影】复选框，如图 3-66 所示。

图 3-65

图 3-66

（20）在【时间轴】面板中选中"024"图层，将当前时间设置为 0:00:00:00，在【效果控件】面板中，将 CC Page Turn 中的 Render 设置为 Back Page，将 Back Page 设置为 4.02，将 Back Opacity 设置为 100，如图 3-67 所示。

（21）在菜单栏中选择【效果】|【颜色校正】|【色阶】命令。在【效果控件】面板中，将【色阶】中的【灰度系数】设置为0.6，如图3-68所示。

图 3-67

图 3-68

（22）在【项目】面板中选择"03"合成并右击，在弹出的快捷菜单中选择【合成设置】命令，在打开的【合成设置】对话框中将【宽度】、【高度】分别设置为720px、925px，设置完成后单击【确定】按钮，如图3-69所示。

（23）将"撕纸素材01.jpg"文件置入项目文件中，在【项目】面板中选择"撕纸素材01.jpg"文件，按住鼠标左键将其拖曳至【新建合成】按钮 上，释放鼠标左键后，即可创建一个合成，将"03"图层拖曳至"撕纸素材01.jpg"图层的上方，并将其【位置】设置为805、513.2，如图3-70所示。

图 3-69

图 3-70

Chapter 04 3D 图层

本章导读：

在 After Effects 2023 中可以将二维图层转换为 3D 图层，这样能更好地把握画面的透视关系，制作出最终的画面效果。此外，有些功能（如摄像机图层和灯光图层）需要在 3D 图层上才能起作用。本章将通过多个案例的讲解，使读者更深入地了解 After Effects 2023 中的 3D 图层。

案例精讲 050　制作水中倒影

本案例主要讲解如何制作水中倒影效果。首先为素材开启 3D 图层模式，然后添加【波形变形】、【线性擦除】等效果。完成后的效果如图 4-1 所示。

（1）按 Ctrl+O 组合键，打开"素材\Cha04\倒影素材 01.aep"素材文件，将【项目】面板中的"倒影素材 02.jpg"素材图片添加到【时间轴】面板中，在【合成】面板中查看效果，如图 4-2 所示。

（2）在【项目】面板中选择"倒影素材 03.png"素材文件，按住鼠标左键将其拖曳至【时间轴】面板中，将【位置】设置为 743.5、1588.5，如图 4-3 所示。

图 4-1

图 4-2

图 4-3

（3）在【时间轴】面板中选中该素材文件，在【效果和预设】面板中搜索【波形变形】效果，双击该效果，为选中的素材文件添加该效果。在【效果控件】面板中将【波浪类型】设置为【圆形】，将【波形高度】、【波形宽度】分别设置为 8、1，将【方向】设置为 90°，将【消除锯齿】设置为【高】，如图 4-4 所示。

（4）在【项目】面板中选择"倒影素材 04.png"素材文件，按住鼠标左键将其拖曳至【时间轴】面板中，将【位置】设置为 689.5、1212.5，如图 4-5 所示。

（5）在【时间轴】面板中选择"倒影素材 04.png"图层，按 Ctrl+D 组合键进行复制，将复制的"倒影素材 04.png"图层重新命名为"倒影"，打开其 3D 图层模式，将【位置】设置为 689.5、1938.5、0，将【X 轴旋转】设置为 180°，如图 4-6 所示。

图 4-4　　　　　　　　　　　　　　　　　图 4-5

（6）在【效果和预设】面板中搜索【线性擦除】效果，双击该效果，为选中的图层添加该效果。在【效果控件】面板中将【过渡完成】设置为36%，将【擦除角度】、【羽化】分别设置为180°、900，如图4-7所示。

图 4-6　　　　　　　　　　　　　　　　　图 4-7

（7）在【效果和预设】面板中搜索【波纹】效果，双击该效果，为选中的图层添加该效果。在【效果控件】面板中将【半径】设置为100，将【转换类型】设置为【对称】，将【波形速度】、【波形宽度】、【波形高度】分别设置为15、15、26，如图4-8所示。

（8）在【效果和预设】面板中搜索【波形变形】效果，双击该效果，为选中的素材文件添加该效果。在【效果控件】面板中将【波浪类型】设置为【圆形】，将【波形高度】、【波形宽度】分别设置为8、20，将【方向】设置为90°，将【消除锯齿】设置为【高】，如图4-9所示。

图 4-8

图 4-9

案例精讲 051　为花朵制作投影

本案例将讲解投影的制作过程。首先导入素材并设置【材质选项】，然后通过灯光设置，使素材呈现投影效果。完成后的效果如图 4-10 所示。

（1）按 Ctrl+O 组合键，打开"素材 \Cha04\ 投影素材 01.aep"素材文件，将【项目】面板中的"投影素材 02.jpg"素材图片添加到【时间轴】面板中，打开其 3D 图层模式，将【位置】设置为 560、362、0，将【缩放】均设置为 129%，如图 4-11 所示。

图 4-10

（2）展开【材质选项】选项组，将【接受阴影】、【接受灯光】均设置为【开】，如图 4-12 所示。

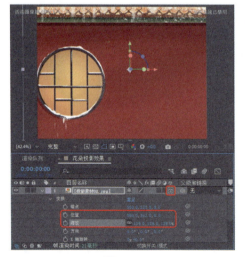
图 4-11

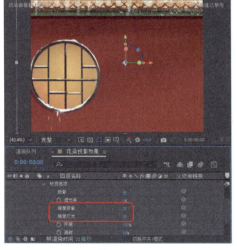
图 4-12

(3)在【项目】面板中选择"投影素材 03.png"素材文件,按住鼠标左键将其拖曳至【时间轴】面板中,打开其 3D 图层模式,将【位置】设置为 639、384、-152,将【缩放】均设置为 36%,如图 4-13 所示。

(4)展开【材质选项】选项组,将【投影】、【接受阴影】、【接受灯光】均设置为【开】,如图 4-14 所示。

图 4-13

图 4-14

(5)在【项目】面板中选择"投影素材 04.png"素材文件,按住鼠标左键将其拖曳至【时间轴】面板中,将【位置】设置为 568、391,将【缩放】均设置为 115%,将【不透明度】设置为 70%,如图 4-15 所示。

(6)在【时间轴】面板中右击,在弹出的快捷菜单中选择【新建】|【灯光】命令,如图 4-16 所示。

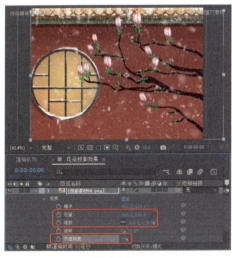

图 4-15

图 4-16

（7）弹出【灯光设置】对话框，将【灯光类型】设置为【聚光】，将【颜色】设置为白色，将【强度】设置为150%，将【锥形角度】设置为90°，将【锥形羽化】设置为50%，将【衰减】设置为【无】，选中【投影】复选框，将【阴影深度】设置为25%，将【阴影扩散】设置为10px，单击【确定】按钮，如图4-17所示。

（8）选中灯光图层，将【目标点】设置为612.5、278.5、-506，将【位置】设置为751、122、-1009，如图4-18所示。

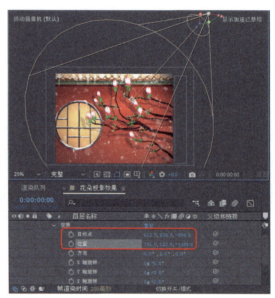

图4-17　　　　　　　　　　图4-18

案例精讲 052　掉落的乒乓球

本案例主要通过对3D图层添加关键帧，使其呈现出动画效果。完成后的效果如图4-19所示。

图4-19

（1）按Ctrl+O组合键，打开"素材\Cha04\乒乓球素材01.aep"素材文件，将【项目】面板中的"乒乓球素材02.jpg"素材图片添加到【时间轴】面板中，如图4-20所示。

（2）在【项目】面板中选择"乒乓球素材03.png"素材文件，按住鼠标左键将其拖曳至

【时间轴】面板中,打开其 3D 图层模式。将当前时间设置为 0:00:00:00,将【锚点】设置为 400、300、-247,将【位置】设置为 494、453、214.5,并单击其左侧的【时间变化秒表】按钮,将【缩放】均设置为 8%,如图 4-21 所示。

图 4-20

图 4-21

(3)将当前时间设置为 0:00:03:00,将【位置】设置为 367.5、538.5、0,如图 4-22 所示。

(4)将当前时间设置为 0:00:04:00,将【位置】设置为 346.5、700.5、0,如图 4-23 所示。

图 4-22

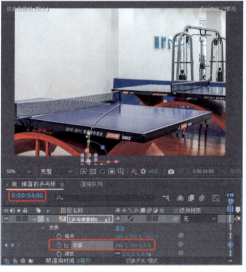

图 4-23

(5)将当前时间设置为 0:00:00:00,单击【Z 轴旋转】左侧的【时间变化秒表】按钮,将其设置为 2x+177°,如图 4-24 所示。

(6)将当前时间设置为 0:00:04:00,将【Z 轴旋转】设置为 0°,如图 4-25 所示。

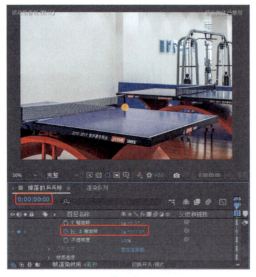
图 4-24

图 4-25

案例精讲 053　制作摩托车展示效果

本案例主要介绍如何制作摩托车展示效果。首先打开素材文件，然后为素材的【缩放】添加关键帧，使其呈现出动画效果，完成后的效果如图 4-26 所示。

图 4-26

（1）启动软件后，按 Ctrl+O 组合键，打开"素材 \Cha04\ 摩托车素材 01.aep"素材文件，选中【时间轴】面板中的"摩托车素材 02.jpg"素材图片，打开其 3D 图层模式，将【缩放】均设置为 42%，如图 4-27 所示。

（2）在【效果和预设】面板中搜索 CC Star Burst 效果，双击该效果，将其添加到"摩托车素材 02.jpg"图层上。将当前时间设置为 0:00:00:00，在【时间轴】面板中将 Scatter 设置为 56，单击 Scatter 与 Blend w. Original 左侧的【时间变化秒表】按钮，如图 4-28 所示。

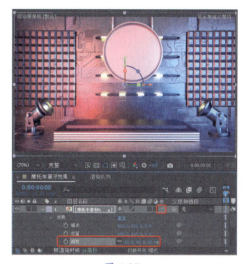
图 4-27

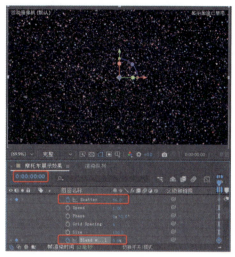
图 4-28

(3) 将当前时间设置为 0:00:01:24，将 Scatter 设置为 0，将 Blend w. Original 设置为 100%，如图 4-29 所示。

(4) 将"摩托车素材 03.png"素材文件拖曳至【时间轴】面板中，打开其 3D 图层模式。将当前时间设置为 0:00:02:20，将【位置】设置为 400、233.5、0，将【缩放】均设置为 0，并单击【位置】与【缩放】左侧的【时间变化秒表】按钮，如图 4-30 所示。

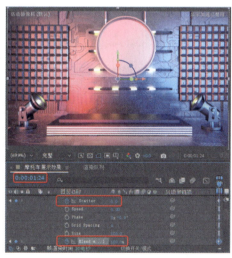
图 4-29

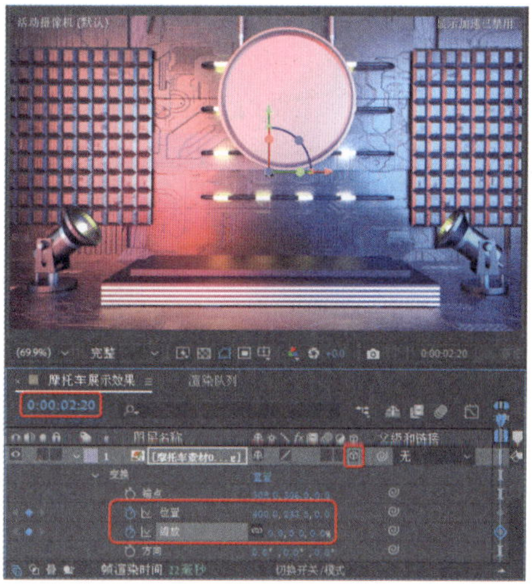

图 4-30

(5) 将当前时间设置为 0:00:05:09，将【位置】设置为 400、233.5、-40，将【缩放】均设置为 46%，如图 4-31 所示。

(6) 在【项目】面板中选择"摩托车素材 03.png"素材文件，按住鼠标左键将其拖曳至"摩托车素材 02.jpg"图层上方，并将其重新命名为"倒影"，打开其 3D 图层模式，如图 4-32 所示。

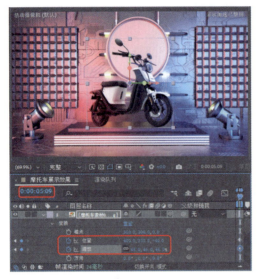
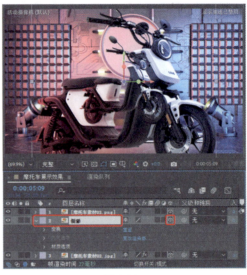

图 4-31　　　　　　　　　　　　图 4-32

（7）将当前时间设置为 0:00:05:05，将"倒影"的【位置】设置为 400、508.5、-40，将【缩放】均设置为 46%，将【X 轴旋转】设置为 180°，将【不透明度】设置为 0，并单击其左侧的【时间变化秒表】按钮，如图 4-33 所示。

（8）将当前时间设置为 0:00:05:09，将【不透明度】设置为 100%，如图 4-34 所示。

图 4-33　　　　　　　　　　　　图 4-34

（9）选中"倒影"图层，在菜单栏中选择【效果】|【过渡】|【线性擦除】命令，如图 4-35 所示。

（10）在【效果控件】面板中将【过渡完成】、【擦除角度】、【羽化】分别设置为 98%、180°、19，如图 4-36 所示。

第 04 章 3D 图层

图 4-35

图 4-36

案例精讲 054　闪现的电脑

本案例首先将需要的素材导入场景中，然后为电脑添加【投影】特效，最后为电脑添加【伸缩和模糊】特效，完成后的效果如图 4-37 所示。

图 4-37

（1）按 Ctrl+O 组合键，打开"素材 \Cha04\ 电脑素材 01.aep"素材文件，将【项目】面板中的"电脑素材 02.jpg"素材图片添加到【时间轴】面板中，如图 4-38 所示。

（2）在【项目】面板中选择"电脑素材 03.png"素材文件，按住鼠标左键将其拖曳至【时间轴】面板中，打开其 3D 图层模式，将【位置】设置为 742、578、50，如图 4-39 所示。

（3）打开【效果和预设】面板，搜索【投影】效果，并将其添加到"电脑素材 03.png"图层上。在【效果控件】面板中将【方向】设置为 -234°，将【距离】设置为 32，将【柔和度】设置为 76，如图 4-40 所示。

073

提示:

在将投影添加到图层中时,图层 Alpha 通道的柔和边缘轮廓将在其后面显示,就像将阴影投射到背景或底层对象上一样。

【投影】效果可在图层对象的外部创建阴影。图层的品质设置会影响阴影的子像素定位,以及阴影柔和边缘的平滑度。

(4) 将当前时间设置为 0:00:00:00,在【效果和预设】面板中选择【动画预设】|Transition-Movement|【伸缩和模糊】效果,并将其添加到"电脑素材 03.png"素材上,在【合成】面板中查看添加的效果,如图 4-41 所示。

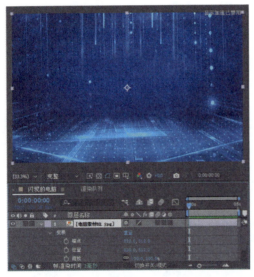

图 4-38

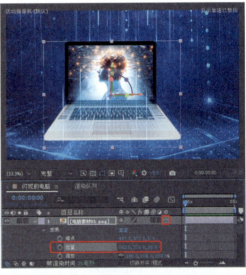

图 4-39

图 4-40

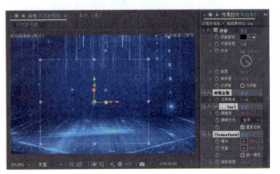

图 4-41

案例精讲 055　掉落的壁画(视频案例)

本案例主要通过对 3D 图层添加关键帧,使其呈现出动画效果。完成后的效果如图 4-42 所示。

3D 图层　第 04 章

图 4-42

案例精讲 056　飘落的花瓣

本案例将介绍如何制作飘落的花瓣效果图。首先导入素材并开启 3D 图层模式，然后添加位置与旋转关键帧，最后设置花瓣的运动方向，使其呈现出动画效果。完成后的效果如图 4-43 所示。

图 4-43

（1）按 Ctrl+O 组合键，打开"素材\Cha04\花瓣素材 01.aep"素材文件，将【项目】面板中的"花瓣素材 02.jpg"素材图片添加到【时间轴】面板中，如图 4-44 所示。

（2）在【项目】面板中选择"花瓣素材 03.png"素材文件，按住鼠标左键将其拖曳至【时间轴】面板中，打开其 3D 图层模式，如图 4-45 所示。

图 4-44

图 4-45

（3）将当前时间设置为0:00:00:00，将【位置】设置为2297、563、0，单击其左侧的【时间变化秒表】按钮，将【X轴旋转】、【Y轴旋转】、【Z轴旋转】分别设置为0°、0°、-70°，并单击【X轴旋转】、【Y轴旋转】左侧的【时间变化秒表】按钮，如图4-46所示。

（4）将当前时间设置为0:00:04:24，将【位置】设置为1598、1849、-1111，将【X轴旋转】、【Y轴旋转】均设置为180°，如图4-47所示。

图 4-46　　　　　　　　　　　　　图 4-47

（5）在【合成】面板中选择运动路线上的控制点，如图4-48所示。

（6）在【合成】面板中调整控制点，调整后的效果如图4-49所示。

图 4-48　　　　　　　　　　　　　图 4-49

案例精讲 057　制作骰子（视频案例）

本案例讲解如何制作骰子，主要应用了3D图层和【梯度渐变】特效，完成后的效果如图4-50所示。

图 4-50

第 04 章 3D 图层

案例精讲 058　制作旋转的文字

本案例将介绍如何利用 3D 图层制作旋转的文字。其中，主要应用 3D 图层中的【X 轴旋转】设置关键帧，使其旋转，然后为其添加视频特效。完成后的效果如图 4-51 所示。

图 4-51

（1）按 Ctrl+O 组合键，打开"素材 \Cha04\ 文字素材 01.aep"素材文件，将【项目】面板中的"文字素材 02.jpg"素材图片添加到【时间轴】面板中，将其【缩放】均设置为 31%，如图 4-52 所示。

（2）在【项目】面板中选择"文字素材 03.png"素材文件，将其拖曳到【时间轴】面板中，然后将其放置到"文字素材 02.jpg"图层的上方，并将其名字修改为"文字"，打开其 3D 图层模式。将当前时间设置为 0:00:00:00，将【位置】设置为 91、132、0，将【缩放】均设置为 13%，单击【X 轴旋转】左侧的【时间变化秒表】按钮，如图 4-53 所示。

图 4-52

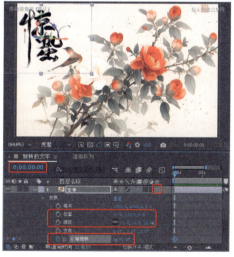

图 4-53

(3)将当前时间设置为0:00:02:00,将"文字"图层的【X轴旋转】设置为340°,如图4-54所示。

(4)将当前时间设置为0:00:04:00,将"文字"图层的【X轴旋转】设置为1x+0°,如图4-55所示。

图 4-54　　　　　　　　　　　图 4-55

(5)将当前时间设置为0:00:00:00,在【效果和预设】面板中选择【动画预设】|Transitions-Movement|【卡片擦除—3D像素风暴】效果,双击该效果,将其添加到"文字"图层上,如图4-56所示。

(6)将当前时间设置为0:00:04:00,在【时间轴】面板中打开"文字"图层下【效果】|【卡片擦除主控】|【过渡完成】的最后一个关键帧,将其移动到时间线上,如图4-57所示。

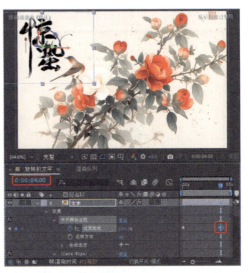

图 4-56　　　　　　　　　　　图 4-57

Chapter 05 文字效果

本章导读：

在日常生活中随处可见一些变形文字，不同的文字效果会给人以不同的感觉。本章将重点讲解如何利用 After Effects 2023 软件制作不同的文字效果。

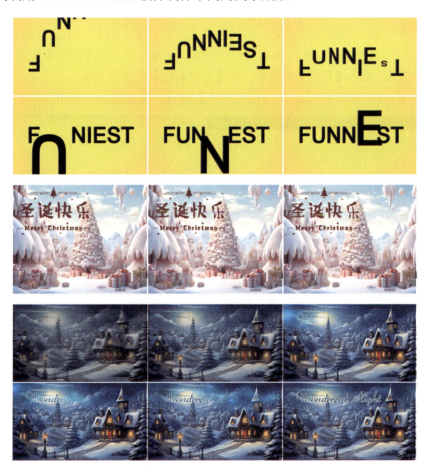

案例精讲 059　制作跳跃的文字

本案例将介绍如何制作跳跃的文字，主要通过为文字添加不同的效果来实现。最终效果如图 5-1 所示。

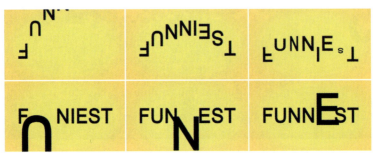

图 5-1

（1）打开"跳跃素材 01.aep"素材文件，在【时间轴】面板中右击，在弹出的快捷菜单中选择【纯色】命令，在弹出的对话框中将【名称】设置为"背景"，将【颜色】设置为 #FFEA00，单击【确定】按钮，即可创建纯色背景，如图 5-2 所示。

（2）使用同样的方法再创建一个名称为"黑色"的黑色纯色图层，在【工具】面板中单击【椭圆工具】按钮◯，在【合成】面板中绘制一个椭圆。在【时间轴】面板中单击【蒙版路径】右侧的【形状】按钮，在弹出的【蒙版形状】对话框中将【左侧】、【顶部】、【右侧】、【底部】分别设置为 185 像素、145 像素、1785 像素、950 像素，将【单位】设置为【像素】，单击【确定】按钮。选中【反转】复选框，将【蒙版羽化】均设置为 463 像素，将【蒙版扩展】设置为 195 像素，将"黑色"图层的【混合模式】设置为【叠加】，如图 5-3 所示。

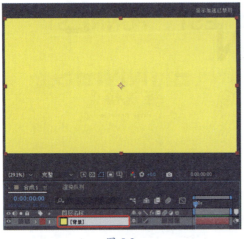

图 5-2　　　　　　　　　图 5-3

（3）在【工具】面板中单击【横排文字工具】按钮 T，在【合成】面板中单击，输入文字。选中输入的文字，在【字符】面板中将【字体系列】设置为 Arial，将【字体样式】设置为 Regular，将【字体大小】设置为 305 像素，将【字符间距】设置为 0，将【水平缩放】

设置为128%，单击【仿粗体】按钮 T 与【全部大写字母】按钮 TT，将【填充颜色】设置为#000000。在【时间轴】面板中将文本图层下方的【位置】设置为961、642，如图5-4所示。

（4）将当前时间设置为0:00:00:00，在【效果和预设】面板中搜索【文字回弹】动画预设，选中该效果，按住鼠标左键将其拖曳至文本图层上，如图5-5所示。

图 5-4　　　　　　　　　　　　　　图 5-5

（5）在【时间轴】面板中展开文本图层下的【动画1】，将其下方的【位置】设置为0、-830，如图5-6所示。

（6）将当前时间设置为0:00:03:05，在【效果和预设】面板中搜索【扭曲】动画预设，在搜索结果中选择【扭曲丝带2】动画预设，按住鼠标左键将其拖曳至文本图层上，如图5-7所示。

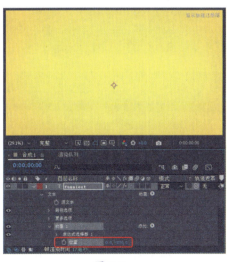 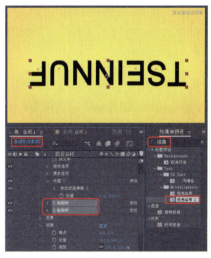

图 5-6　　　　　　　　　　　　　　图 5-7

（7）将当前时间设置为0:00:05:06，在【效果和预设】面板中搜索【缩放】动画预设，在搜索结果中选择【缩放回弹】动画预设，按住鼠标左键将其拖曳至文本图层上，如图5-8所示。

(8)在【项目】面板中选择"跳跃素材02.mp3"音频文件,按住鼠标左键将其拖曳至【时间轴】面板中,如图5-9所示。

图5-8

图5-9

案例精讲 060　制作玻璃文字

本案例将介绍如何制作玻璃文字。首先为图像添加【亮度和对比度】效果,然后输入文字,最后为图像添加轨道遮罩,最终效果如图5-10所示。

图5-10

(1)打开"玻璃素材01.aep"素材文件,在【项目】面板中选择"玻璃素材02.jpg"素材文件,按住鼠标左键将其拖曳至【时间轴】面板中,将【缩放】均设置为50%,将【位置】设置为512、386,如图5-11所示。

(2)在【时间轴】面板中选择"玻璃素材02.jpg"图层,按Ctrl+D组合键复制图层,将复制的图层重命名为"副本",并将其隐藏,如图5-12所示。

> 提示：
> 若需要对图层重新命名，在【时间轴】面板中选择要重新命名的图层，右击，在弹出的快捷菜单中选择【重命名】命令即可。

图 5-11　　　　　　　　　　　　　　　　图 5-12

（3）将当前时间设置为 0:00:00:00，在【效果和预设】面板中搜索【溶解】动画预设，在搜索结果中选择【溶解 - 蒸汽】动画预设，按住鼠标左键将其拖曳至【时间轴】面板的"玻璃素材 02.jpg"图层上，如图 5-13 所示。

（4）确认当前时间为 0:00:00:00，在【时间轴】面板中将"玻璃素材 02.jpg"图层下的【溶解主控】展开，将【过渡完成】设置为 68%，如图 5-14 所示。

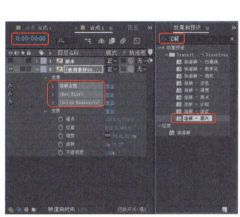 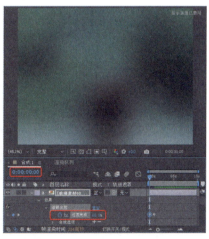

图 5-13　　　　　　　　　　　　　　　　图 5-14

（5）在【时间轴】面板中选择"副本"图层，在【工具】面板中单击【横排文字工具】按钮，在【合成】面板中单击，输入文字。选中输入的文字，在【字符】面板中将【字体系列】设置为 Segoe Script，将【字体大小】设置为 201 像素，将【字符间距】设置为 -50，将【水平缩放】设置为 100%，单击【仿粗体】按钮与【全部大写字母】按钮，将【填充颜色】

设置为 #C4C3C3。在【段落】面板中单击【居中对齐文本】按钮，并在【合成】面板中调整文本的位置，如图 5-15 所示。

（6）将当前时间设置为 0:00:01:10，在【效果和预设】面板中选择【动画预设】| Text | Blurs |【子弹头列车】动画预设，按住鼠标左键将其拖曳至文本图层上，如图 5-16 所示。

图 5-15

图 5-16

（7）将当前时间设置为 0:00:02:20，在【时间轴】面板中选择 Bullet Train Animator | Range Selector 1 |【偏移】右侧的第二个关键帧，按住鼠标左键将其拖曳至时间线位置处，如图 5-17 所示。

（8）在【时间轴】面板中选择"副本"图层，并显示该图层，将【轨道遮罩】设置为 Raining，如图 5-18 所示。

图 5-17

图 5-18

（9）继续选中"副本"图层，在菜单栏中选择【效果】|【颜色校正】|【亮度和对比度】命令，如图 5-19 所示。

（10）在【时间轴】面板中将【亮度】、【对比度】分别设置为 67、46，将【使用旧版（支持 HDR）】设置为【开】，将【轨道遮罩】设置为【亮度遮罩】，如图 5-20 所示。

图 5-19

图 5-20

案例精讲 061　制作气泡文字

本案例将介绍如何制作气泡文字，完成后的效果如图 5-21 所示。

图 5-21

（1）打开"气泡素材 01.aep"素材文件，在【时间轴】面板中新建一个名称为"黑色"的纯色图层。选中该图层，在菜单栏中选择【效果】|【过时】|【基本文字】命令，在弹出的【基本文字】对话框中输入文字，并选中【水平】和【居中对齐】单选按钮，将【字体】设置为 Arial，设置完成后单击【确定】按钮，如图 5-22 所示。

（2）继续选中该图层，在【时间轴】面板中将【基本文字】下的【显示选项】设置为【在描边上填充】，将【填充颜色】设置为白色，将【描边宽度】设置为 2，将【大小】设置为 170，将【字符间距】设置为 0，如图 5-23 所示。

图 5-22　　　　　　　　　　　图 5-23

（3）继续选中该图层，在菜单栏中选择【效果】|【扭曲】|【凸出】命令，为文字添加【凸出】效果。在【时间轴】面板中将【凸出】下的【水平半径】、【垂直半径】都设置为320，将【消除锯齿（仅最佳品质）】设置为【高】，如图 5-24 所示。

（4）新建一个名称为"气泡文字"，【宽度】、【高度】分别为 1020px、574px，【持续时间】为 0:00:10:00 的合成，在【项目】面板中将"气泡素材 02.mp4"素材文件拖曳至【时间轴】面板中，将【缩放】均设置为 53%，如图 5-25 所示。

图 5-24　　　　　　　　　　　图 5-25

（5）在【项目】面板中选择"文字"合成文件，按住鼠标左键将其拖曳至"气泡文字"的时间轴中，并将其隐藏。在【时间轴】面板中新建一个名称为"气泡"，大小为 720px、576px 的纯色图层，选中该图层，在菜单栏中选择【效果】|【模拟】|【泡沫】命令。在【时间轴】面板中将【泡沫】下的【视图】设置为【已渲染】，将【制作者】选项组中的【产生点】设置为 360、578，将【产生 X 大小】、【产生 Y 大小】、【产生速率】分别设置为 0.4、0.1、0.1，在【气泡】选项组中将【大小】设置为 0.5，如图 5-26 所示。

(6) 在【物理学】选项组中将【初始速度】、【风速】、【风向】、【湍流】、【黏度】、【黏性】分别设置为 6、0.5、0°、0.1、1.5、0；在【正在渲染】选项组中将【气泡纹理】、【气泡方向】分别设置为【小雨】、【物理方向】，将【反射强度】、【反射融合】分别设置为 0.4、0.7，如图 5-27 所示。

图 5-26

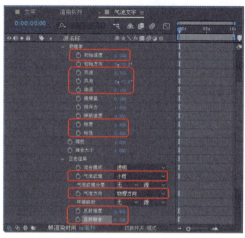

图 5-27

(7) 继续选中"气泡"图层，按 Ctrl+D 组合键复制图层，并将其命名为"气泡中的文字"。选中"气泡中的文字"图层，在【时间轴】面板中将【气泡】下的【大小】设置为 0.6，将【正在渲染】选项组中的【气泡纹理】、【气泡纹理分层】分别设置为【用户自定义】、【3.文字】，如图 5-28 所示。

(8) 将该图层的【模式】设置为【相加】，打开其 3D 图层模式，在【时间轴】面板中选择"气泡"图层，将【模式】设置为【发光度】，打开其 3D 图层模式，如图 5-29 所示。

图 5-28

图 5-29

(9) 在【时间轴】面板中右击，在弹出的快捷菜单中选择【新建】|【摄像机】命令，将会弹出【摄像机设置】对话框，在该对话框中单击【确定】按钮，如图 5-30 所示。

（10）在【时间轴】面板中将【变换】选项组下的【目标点】设置为526.8、329、300，将【位置】设置为526.8、57.4、-575；将【摄像机选项】选项组下的【缩放】、【焦距】都设置为1094像素，如图5-31所示。

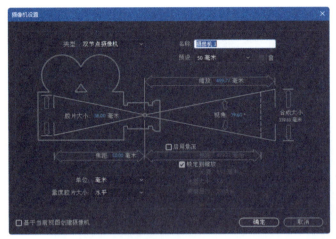

图5-30

图5-31

案例精讲 062 制作积雪文字

本案例将介绍积雪文字的制作方法。首先使用【横排文字工具】输入文字，然后通过对文字的叠加使文字产生积雪效果，如图5-32所示。

图5-32

（1）打开"积雪素材01.aep"素材文件，在【工具】面板中选择【横排文字工具】，在【合成】面板中输入文字。选择输入的文字，在【字符】面板中将【字体系列】设置为【汉仪小麦体简】，将【字体大小】设置为65像素，将【基线偏移】设置为-120像素，单击【仿粗体】按钮，将【填充颜色】设置为#FFFFFF，将【描边颜色】设置为无，在【段落】面板中单击【左对齐文本】按钮，将当前时间设置为0:00:00:00，在【时间轴】面板中将【锚点】设置为132、127，将【位置】设置为414、547，单击【缩放】左侧的【时间变化秒表】按钮，如图5-33所示。

（2）将当前时间设置为0:00:04:00，单击【缩放】右侧的【约束比例】按钮，取消比例的约束，将【缩放】设置为100%、95%，如图5-34所示。

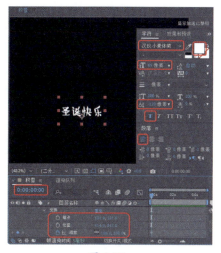

图 5-33

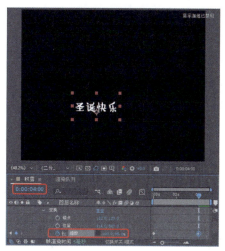

图 5-34

（3）在【项目】面板中选择"积雪"合成，按Ctrl+D组合键复制出"积雪2"合成，双击"积雪2"合成，将其在【时间轴】面板中打开。确认当前时间为0:00:04:00，在【时间轴】面板中将文字图层的【缩放】均设置为105%，如图5-35所示。

（4）在【项目】面板中将"积雪"合成拖曳至【时间轴】面板的文字图层的上方，并将文字图层的【轨道遮罩】设置为【积雪】，将遮罩设置为【亮度遮罩】，并打开反转遮罩，如图5-36所示。

图 5-35

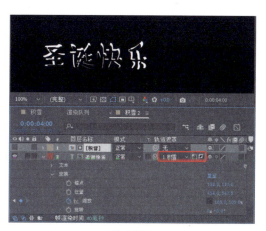

图 5-36

（5）新建一个名称为"积雪文字"，【宽度】、【高度】分别为1024px、809px，【像素长宽比】为D1/DV PAL（1.09），【持续时间】为0:00:05:00 的合成文件。在【项目】面板中选择"积雪素材02.jpg"素材文件，按住鼠标左键将其拖曳至【时间轴】面板中，将【位置】设置为563、404.5，将【缩放】均设置为55%，如图5-37所示。

（6）在【项目】面板中选择"积雪素材03.png"素材文件，按住鼠标左键将其拖曳至【时间轴】面板中，将【位置】设置为303、191，将【缩放】均设置为29%，如图5-38所示。

图 5-37

图 5-38

（7）在【工具】面板中选择【横排文字工具】，在【合成】面板中输入文字。选择输入的文字，在【字符】面板中将【字体系列】设置为【汉仪小麦体简】，将【字体大小】设置为 65 像素，将【基线偏移】设置为 -120 像素，单击【仿粗体】按钮，将【填充颜色】设置为 #830000，将【描边颜色】设置为无。将当前时间设置为 0:00:00:00，在【时间轴】面板中将【锚点】设置为 132、127，将【位置】设置为 318、247，将【缩放】均设置为 233%，如图 5-39 所示。

（8）在【项目】面板中将"积雪 2"合成拖曳至【积雪文字】时间轴中文字图层的上方，将【位置】设置为 540、-88，单击【缩放】右侧的【约束比例】按钮，取消比例的约束，将【缩放】设置为 225%、233%，如图 5-40 所示。

图 5-39

图 5-40

(9)在【时间轴】面板中选择"积雪2"图层,在菜单栏中选择【效果】|【风格化】|【毛边】命令,添加【毛边】效果。在【时间轴】面板中将【边界】设置为3,将【边缘锐度】设置为0.3,将【复杂度】设置为10,将【演化】设置为45°,将【随机植入】设置为100,如图5-41所示。

(10)在菜单栏中选择【效果】|【风格化】|【发光】命令,为"积雪2"图层添加【发光】效果,在【时间轴】面板中将【发光半径】设置为5,如图5-42所示。

图 5-41

图 5-42

(11)在菜单栏中选择【效果】|【透视】|【斜面Alpha】命令,为"积雪2"图层添加【斜面Alpha】效果,在【时间轴】面板中将【边缘厚度】设置为4,如图5-43所示。

(12)至此,积雪文字就制作完成了,按空格键可以在【合成】面板中查看效果,如图5-44所示。

图 5-43

图 5-44

案例精讲 063　制作流光文字

本案例将介绍如何制作流光文字。首先为文字图层添加多种图层样式，使文字具有立体效果，然后为文字添加 CC Light Sweep 效果，最后设置关键帧参数，制作出流光文字。效果如图 5-45 所示。

图 5-45

（1）打开"流光素材 01.aep"素材文件，在【工具】面板中单击【横排文字工具】按钮，在【合成】面板中单击，输入文本。选中输入的文本，在【字符】面板中将【字体系列】设置为 Good Times，将【字体大小】设置为 180 像素，将【字符间距】设置为 0，将【水平缩放】设置为 100%，单击【仿粗体】按钮和【全部大写字母】按钮，将【填充颜色】设置为 #C7C7C7；在【段落】面板中单击【居中对齐文本】按钮；在【时间轴】面板中将【位置】设置为 515、342，如图 5-46 所示。

（2）选中该文字图层，在菜单栏中选择【图层】|【图层样式】|【投影】命令，在【时间轴】面板中将【投影】下的【混合模式】设置为【正常】，将【角度】、【距离】、【扩展】、【大小】分别设置为 90°、2、8%、13，如图 5-47 所示。

图 5-46

图 5-47

提示：
在此为了便于查看投影的效果，可以单击【切换透明网格】按钮，此操作并不会影响效果。

（3）继续选中文字图层，为它添加【内阴影】图层样式，在【时间轴】面板中将【内阴影】下的【混合模式】设置为【正常】，将【不透明度】、【角度】、【距离】、【大小】分别设置为 34%、-90°、43、10，如图 5-48 所示。

092

（4）为该图层添加【斜面和浮雕】图层样式，在【时间轴】面板中将【斜面和浮雕】下的【深度】、【大小】、【柔化】、【角度】、【高度】分别设置为451%、4、4、180°、70°，将【高亮模式】设置为【正常】，将【加亮颜色】设置为#9C9C9C，将【高光不透明度】设置为12%，将【阴影模式】设置为【亮光】，将【阴影颜色】设置为#FFFFFF，将【阴影不透明度】设置为35%，如图5-49所示。

图 5-48

图 5-49

（5）为该图层添加【渐变叠加】图层样式，在【时间轴】面板中单击【渐变叠加】下的【编辑渐变】按钮，在弹出的【渐变编辑器】对话框中将左侧色标的颜色值设置为#389D09，在位置51处添加一个色标，并将其颜色值设置为#98FF3E，将右侧色标的颜色值设置为#389D09，设置完成后单击【确定】按钮，如图5-50所示。

（6）为该图层添加【描边】图层样式，在【时间轴】面板中将【描边】下的【混合模式】设置为【线性加深】，将【颜色】设置为白色，将【大小】、【不透明度】分别设置为1、50%，将【位置】设置为【居中】，如图5-51所示。

图 5-50

图 5-51

（7）继续选中该文字图层，按Ctrl+D组合键对其进行复制，并重命名为"magic 2"。在【时间轴】面板中将【位置】设置为505、342，选择【图层样式】下的【内阴影】与【斜面和浮雕】两个选项，如图5-52所示。

（8）按Delete键将选中的两个选项删除。继续选中该图层，在【时间轴】面板中将【投影】下的【不透明度】、【距离】、【扩展】、【大小】分别设置为49%、5、0、18，如图5-53所示。

图 5-52　　　　　　　　　　　　图 5-53

（9）选中"magic 2"图层，为其添加【外发光】图层样式，在【时间轴】面板中将【外发光】下的【混合模式】设置为【线性减淡】，将【不透明度】设置为50%，将【颜色类型】设置为【渐变】，将【大小】设置为15，如图5-54所示。

（10）在【时间轴】面板中单击【外发光】下的【编辑渐变】按钮，在弹出的【渐变编辑器】对话框中将左侧色标的颜色值设置为#42A01D，将右侧色标的颜色值设置为#42A01D，选择右侧上方的不透明度色标，将其【不透明度】设置为0，设置完成后单击【确定】按钮，如图5-55所示。

图 5-54　　　　　　　　　　　　图 5-55

（11）选择"magic 2"图层下的【渐变叠加】图层样式，单击【编辑渐变】按钮，在弹出的【渐变编辑器】对话框中将左侧色标的颜色值设置为#B6AFAE，将位置51处的色标删除，将右侧色标的颜色值设置为#FFFFFF，单击【确定】按钮。选中"magic 2"图层下的【描边】图层样式，将其下方的【混合模式】设置为【正常】，将【大小】、【不透明度】分别设置为2、90%，将【位置】设置为【内部】，如图5-56所示。

（12）新建一个名称为"流光文字"的合成，将【宽度】、【高度】分别设置为1024px、500px，将【像素长宽比】设置为【方形像素】，将【帧速率】设置为25帧/秒，将【持续时间】设置为0:00:05:00。在【项目】面板中选择"流光素材02.mp4"素材文件，按住鼠标左键将其拖曳至【时间轴】面板中，将【缩放】均设置为55%，如图5-57所示。

图 5-56

图 5-57

（13）继续选中该素材，在【效果和预设】面板中搜索【色相/饱和度】效果，按住鼠标左键将其拖曳至素材上。在【效果控件】面板中将【主色相】、【主饱和度】、【主亮度】分别设置为-12°、-69、32，如图5-58所示。

（14）在【项目】面板中选择"文字"合成文件，按住鼠标左键将其拖曳至【时间轴】面板中，选中"文字"图层，在菜单栏中选择【效果】|【生成】| CC Light Sweep 命令，如图5-59所示。

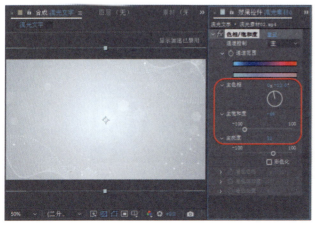

图 5-58

图 5-59

(15)将当前时间设置为0:00:00:00,在【时间轴】面板中将CC Light Sweep下的Center设置为0、250,单击其左侧的【时间变化秒表】按钮◉,如图5-60所示。

(16)将当前时间设置为0:00:04:24,将Center设置为1094、250,单击【变换】下【缩放】右侧的【约束比例】按钮⚭,将【缩放】设置为100%、107%,如图5-61所示。

图 5-60

图 5-61

案例精讲 064　制作滚动文字

本案例将介绍如何制作滚动文字。首先使用【钢笔工具】绘制水平直线,通过为直线添加【线性擦除】效果制作音乐进度条;然后为纯色图层添加【音频频谱】、【百叶窗】效果,制作音乐条跳动效果;最后输入段落文字,并为其添加【位置】关键帧,从而制作出文字滚动效果。最终效果如图5-62所示。

图 5-62

(1)打开"滚动素材01.aep"素材文件,新建一个名称为"进度条",【宽度】、【高度】分别为1920px、1080px,【像素长宽比】为【方形像素】,【持续时间】为0:01:08:20的合成。

在【工具】面板中单击【钢笔工具】按钮,在【合成】面板中绘制一条水平直线,将【描边1】下的【颜色】设置为白色,将【描边宽度】设置为2,并调整其位置,如图5-63所示。

(2)在【时间轴】面板中选择"形状图层1"图层,按Ctrl+D组合键,对选中的图层进行复制,并命名为"形状图层2"。将"形状图层2"图层下【描边1】中的【颜色】设置为#00B4FF,如图5-64所示。

图 5-63

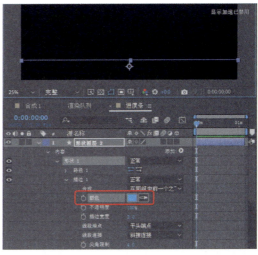
图 5-64

(3)在【时间轴】面板中选择"形状图层2"图层,在菜单栏中选择【效果】|【过渡】|【线性擦除】命令,为选中的图层添加【线性擦除】效果。将当前时间设置为0:00:00:00,将【线性擦除】下的【过渡完成】设置为100%,并单击其左侧的【时间变化秒表】按钮,将【擦除角度】设置为-90°,如图5-65所示。

(4)将当前时间设置为0:01:08:19,将【过渡完成】设置为0,如图5-66所示。

图 5-65

图 5-66

(5)新建一个名称为"音乐条"的合成,在【项目】面板中选择"黑色"纯色图层,按住鼠标左键将其拖曳至【时间轴】面板中,再将"滚动素材05.mp3"素材文件拖曳至【时间轴】面板中,如图5-67所示。

（6）在【时间轴】面板中选择"黑色"纯色图层，在菜单栏中选择【效果】|【生成】|【音频频谱】命令，为选中的图层添加【音频频谱】效果。在【时间轴】面板中将【音频层】设置为【1.滚动素材05.mp4】，将【起始点】设置为124、540，将【结束点】设置为1792、540，将【起始频率】、【结束频率】、【频段】、【最大高度】、【音频持续时间（毫秒）】、【厚度】、【柔和度】分别设置为20、800、88、500、30、8、0，将【内部颜色】、【外部颜色】均设置为白色，将【面选项】设置为【A面】，如图5-68所示。

图 5-67

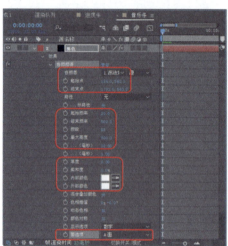

图 5-68

（7）继续选中"黑色"纯色图层，在菜单栏中选择【效果】|【过渡】|【百叶窗】命令，将【过渡完成】、【方向】、【宽度】分别设置为30%、90°、6，如图5-69所示。

（8）新建一个名称为"滚动歌词"的合成，在【工具】面板中单击【横排文字工具】按钮，在【合成】面板中绘制一个文本框，输入文字。选中输入的文字，在【字符】面板中将【字体系列】设置为Arial，将【字体样式】设置为Regular，将【字体大小】设置为26像素，将【字符间距】设置为100，单击【仿粗体】按钮，将【填充颜色】设置为#F4FFE8。在【段落】面板中单击【居中对齐文本】按钮，如图5-70所示。

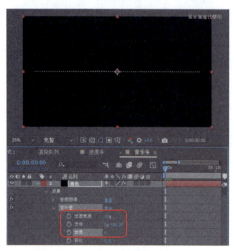

图 5-69

图 5-70

（9）将当前时间设置为 0:00:06:00，在【时间轴】面板中将【位置】设置为 1449、887，并单击其左侧的【时间变化秒表】按钮，如图 5-71 所示。

（10）将当前时间设置为 0:01:08:19，将【位置】设置为 1449、-135，如图 5-72 所示。

图 5-71

图 5-72

（11）在【时间轴】面板中单击【合成 1】，在【项目】面板中选择"音乐条"合成文件，按住鼠标左键将其拖曳至【时间轴】面板中，将【位置】设置为 960、903，如图 5-73 所示。

（12）在【项目】面板中选择"进度条"合成文件，按住鼠标左键将其拖曳至【时间轴】面板中，将【位置】设置为 960、539，单击【缩放】右侧的【约束比例】按钮，取消比例的约束，将【缩放】设置为 89%、100%，如图 5-74 所示。

图 5-73

图 5-74

（13）在【项目】面板中选择"滚动歌词"合成文件，按住鼠标左键将其拖曳至【时间轴】面板中。在【时间轴】面板中选中"滚动歌词"图层，在【工具】面板中单击【矩形工具】按钮，在【合成】面板中绘制一个矩形。在【时间轴】面板中单击【蒙版路径】右侧的【形状】

按钮，在弹出的【蒙版形状】对话框中将【左侧】、【顶部】、【右侧】、【底部】分别设置为1188像素、356像素、1720像素、676像素，设置完成后单击【确定】按钮，如图5-75所示。

（14）在【时间轴】面板中将【蒙版羽化】均设置为20像素，如图5-76所示。

图5-75　　　　　　　　　图5-76

案例精讲 065　制作有烟雾感的文字

本案例将介绍如何制作有烟雾感的文字。首先使用【横排文字工具】输入文字并为输入的文字添加擦除动画，然后为纯色图层添加效果及设置动画参数，制作烟雾效果。最终效果如图5-77所示。

图5-77

（1）打开"烟雾素材01.aep"素材文件，在【项目】面板中选择"烟雾素材02.jpg"素材文件，按住鼠标左键将其拖曳至【时间轴】面板中，将【缩放】均设置为64%，如图5-78所示。

（2）将当前时间设置为0:00:00:00，在【效果和预设】面板中搜索【不良电视信号】，在搜索结果中选择【不良电视信号-弱】动画预设，按住鼠标左键将其拖曳至【时间轴】面板的"烟雾素材02.jpg"图层上。展开【效果】下的Wave Warp，将【波形高度】下的表达式删除，单击【波形高度】、【波形宽度】左侧的【时间变化秒表】按钮，将【波形高度】、

【波形宽度】分别设置为 30、500；分别单击 Color Balance（HLS）下【饱和度】、Noise 下【杂色数量】、Venetian Blinds 下【过渡完成】左侧的【时间变化秒表】按钮，如图 5-79 所示。

图 5-78

图 5-79

（3）将当前时间设置为 0:00:02:15，将 Wave Warp 下的【波形高度】、【波形宽度】分别设置为 0、1，将 Color Balance（HLS）下的【饱和度】设置为 0，将 Noise 下的【杂色数量】设置为 0，将 Venetian Blinds 下的【过渡完成】设置为 0，如图 5-80 所示。

（4）在【工具】面板中选择【横排文字工具】，在【合成】面板中单击输入文字。选择输入的文字，在【字符】面板中将【字体系列】设置为 BetterHeather，将【字体大小】设置为 150 像素，将【字符间距】设置为 10，将【填充颜色】设置为 #005B6E，将【描边颜色】设置为 #FFFFFF，将【描边宽度】设置为 10 像素。在【段落】面板中单击【左对齐文本】按钮。在【时间轴】面板中将 Wonderful Night 文字图层下的【位置】设置为 190、265，如图 5-81 所示。

图 5-80

图 5-81

（5）在菜单栏中选择【效果】|【过渡】|【线性擦除】命令，即可为文字图层添加【线性擦除】效果。确认当前时间为 0:00:02:14，在【时间轴】面板中将【过渡完成】设置为

100%，并单击其左侧的【时间变化秒表】按钮，将【擦除角度】设置为270°，将【羽化】设置为230，如图5-82所示。

（6）将当前时间设置为0:00:04:15，将【过渡完成】设置为0，如图5-83所示。

图 5-82

图 5-83

（7）新建一个名称为"烟雾01"的黑色纯色图层，在菜单栏中选择【效果】|【模拟】| CC Particle World 命令，即可为"烟雾01"图层添加该效果。将当前时间设置为0:00:01:15，在【时间轴】面板中将 Birth Rate 设置为0.1，将 Longevity（sec）设置为1.87，单击 Position X 左侧的【时间变化秒表】按钮，将 Position X 设置为-0.53，将 Position Y 设置为0.01，将 Radius Z 设置为0.44，将 Animation 设置为 Viscouse，将 Velocity 设置为0.35，将 Gravity 设置为-0.05，如图5-84所示。

（8）将 Particle 下的 Particle Type 设置为 Faded Sphere，将 Birth Size 设置为1.25，将 Death Size 设置为1.9，将 Birth Color 设置为#05A0FF，将 Death Color 设置为#000000，将 Transfer Mode 设置为 Add，将【变换】下的【位置】设置为420、197，单击【缩放】右侧的【约束比例】按钮，取消比例的约束，将【缩放】设置为155%、100%，如图5-85所示。

图 5-84

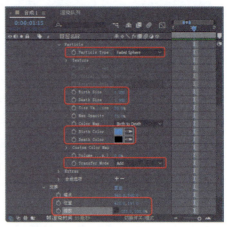

图 5-85

（9）将当前时间设置为 0:00:04:15，将 Position X 设置为 0.87，如图 5-86 所示。

（10）在菜单栏中选择【效果】|【模糊和锐化】| CC Vector Blur 命令，即可为"烟雾 01"图层添加该效果。在【时间轴】面板中将 Amount 设置为 250，将 Angle Offset 设置为 10°，将 Ridge Smoothness 设置为 32，将 Map Softness 设置为 25，如图 5-87 所示。

图 5-86

图 5-87

（11）确认"烟雾 01"图层处于选中状态，按 Ctrl+D 组合键复制该图层，并将其重命名为"烟雾 02"图层。将"烟雾 02"图层的【模式】设置为【屏幕】，如图 5-88 所示。

（12）选择"烟雾 02"图层，在【时间轴】面板中将 CC Particle World 效果中的 Birth Rate 设置为 0.7，将 Radius Z 设置为 0.47，将 Particle 下的 Birth Size 设置为 0.94，将 Death Size 设置为 1.7，将 Death Color 设置为 #0D0000，如图 5-89 所示。

图 5-88

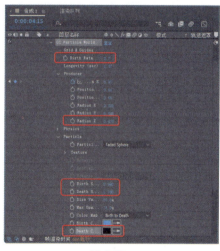

图 5-89

（13）在【时间轴】面板中将 CC Vector Blur 效果中的 Amount 设置为 340，将 Ridge Smoothness 设置为 24，将 Map Softness 设置为 23，如图 5-90 所示。

（14）在【时间轴】面板中将"烟雾02"图层的【不透明度】设置为53%，如图5-91所示。

图 5-90　　　　　　　　　　　图 5-91

（15）在【项目】面板中选择"烟雾素材03.wav"素材文件，按住鼠标左键将其拖曳至【时间轴】面板中，如图5-92所示。

（16）在【项目】面板中选择"烟雾素材04.mp3"素材文件，按住鼠标左键将其拖曳至【时间轴】面板中，将其入点时间设置为0:00:02:15，如图5-93所示。

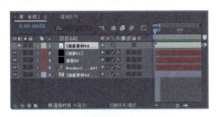 

图 5-92　　　　　　　　　　　图 5-93

案例精讲 066　制作光晕文字

本案例将介绍光晕文字的制作方法。首先通过【镜头光晕】命令制作光晕移动效果，然后为文字添加【线性擦除】效果，使其随着光晕的移动而进行擦除，最终效果如图5-94所示。

（1）打开"光晕素材01.aep"素材文件，在【项目】面板中选择"光晕素材02.mp4"素材文件，按住鼠标左键将其拖曳至【时间轴】面板中，将【缩放】均设置为71%，如图5-95所示。

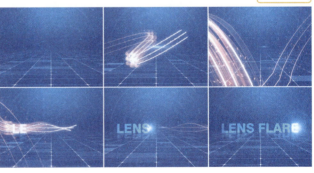

图 5-94

（2）在【时间轴】面板中选中"光晕素材02.mp4"图层，按Ctrl+D组合建复制图层，将【入】设置为0:00:09:24，如图5-96所示。

图 5-95

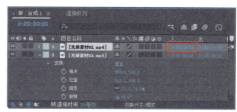
图 5-96

（3）在【项目】面板中选择"光晕素材03.mp4"素材文件，按住鼠标左键将其拖曳至【时间轴】面板中，将【缩放】均设置为71%，将【模式】设置为【屏幕】，如图5-97所示。

（4）在【时间轴】面板中新建一个名称为"光晕"的黑色纯色图层，选中新建的"光晕"图层，在菜单栏中选择【效果】|【生成】|【镜头光晕】命令。将当前时间设置为0:00:05:24，在【时间轴】面板中单击【光晕中心】、【光晕亮度】左侧的【时间变化秒表】按钮，将【光晕中心】设置为312、358，将【光晕亮度】设置为0，如图5-98所示。

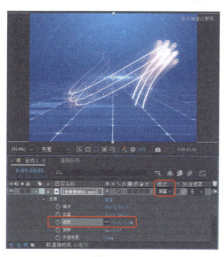
图 5-97

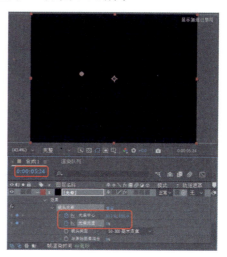
图 5-98

（5）将当前时间设置为0:00:09:24，在【时间轴】面板中将【光晕亮度】设置为90%，将"光晕"图层的【模式】设置为【屏幕】，如图5-99所示。

（6）将当前时间设置为0:00:10:09，在【时间轴】面板中将【光晕中心】设置为772、358，将【光晕亮度】设置为0，如图5-100所示。

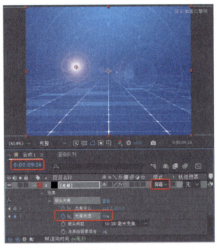 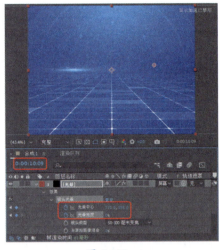

图 5-99　　　　　　　　　图 5-100

（7）继续选中该图层，在菜单栏中选择【效果】|【颜色校正】|【色相/饱和度】命令，在【时间轴】面板中将【色相/饱和度】下的【彩色化】设置为【开】，将【着色色相】设置为 200°，将【着色饱和度】设置为 60，如图 5-101 所示。

（8）继续选中"光晕"图层，将【变换】下的【位置】设置为 472、436，将【缩放】均设置为 180%，如图 5-102 所示。

图 5-101　　　　　　　　　图 5-102

（9）在【工具】面板中单击【横排文字工具】按钮，在【合成】面板中单击，输入文字。选中输入的文字，在【字符】面板中将【字体系列】设置为 Swis721 Hv BT，将【字体大小】设置为 122 像素，将【字符间距】设置为 0，单击【全部大写字母】按钮，将【填充颜色】设置为 #F4FFE8；在【段落】面板中单击【左对齐文本】按钮，并调整其位置，如图 5-103 所示。

（10）选中该文字图层，按 Ctrl+D 组合键复制图层，并将其隐藏，选中 Lens Flare 文字图层，在菜单栏中选择【效果】|【过渡】|【线性擦除】命令。将当前时间设置为 0:00:05:24，

文字效果 第 05 章

在【时间轴】面板中单击【过渡完成】左侧的【时间变化秒表】按钮，将【过渡完成】设置为 100%，将【擦除角度】设置为 -90°，将【羽化】设置为 30，如图 5-104 所示。

图 5-103

图 5-104

（11）将当前时间设置为 0:00:06:09，在【时间轴】面板中将【过渡完成】设置为 77%，如图 5-105 所示。

（12）将当前时间设置为 0:00:10:19，在【时间轴】面板中将【过渡完成】设置为 0，如图 5-106 所示。

图 5-105

图 5-106

（13）继续选中 Lens Flare 图层，在【时间轴】面板中将该图层的【模式】设置为【叠加】，按 Ctrl+D 组合键对选中的图层进行复制，将复制后的图层重命名为"倒影 1"，选中"倒影 1"图层，为其再次添加一个【线性擦除】效果。在【时间轴】面板中将【线性擦除 2】下方的【过渡完成】设置为 36%，将【擦除角度】、【羽化】分别设置为 0、40，单击【变换】下【缩放】右侧的【约束比例】按钮，将【缩放】设置为 100%、-100%，将【不透明度】设置为 26%，如图 5-107 所示。

107

（14）在【时间轴】面板中将 Lens Flare 2 图层取消隐藏，将当前时间设置为 0:00:10:09，将【变换】下的【不透明度】设置为 0，并单击其左侧的【时间变化秒表】按钮，如图 5-108 所示。

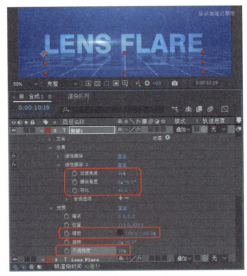

图 5-107

图 5-108

（15）将当前时间设置为 0:00:11:09，将【变换】下的【不透明度】设置为 100%，如图 5-109 所示。

（16）选择 Lens Flare 2 图层，按 Ctrl+D 组合键对其进行复制，将复制后的图层重命名为"倒影 2"，选中"倒影 2"图层，为其添加【线性擦除】效果。确认当前时间为 0:00:11:09，在【时间轴】面板中将【过渡完成】设置为 36%，将【擦除角度】、【羽化】分别设置为 0、40，单击【变换】下【缩放】右侧的【约束比例】按钮，将【缩放】设置为 100%、-100%，将【不透明度】设置为 26%，如图 5-110 所示。

图 5-109

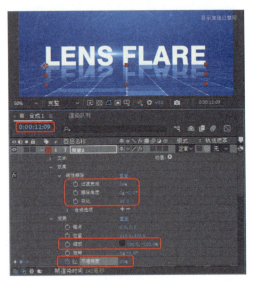

图 5-110

第 05 章 文字效果

案例精讲 067　制作电流文字

本案例将介绍电流文字的制作方法。首先通过为纯色图层添加【分形杂色】、【色阶】、CC Toner、【发光】效果，制作出电流效果；然后输入文字，并将文字与电流效果叠加在一起，使其产生电流文字的效果。最终效果如图 5-111 所示。

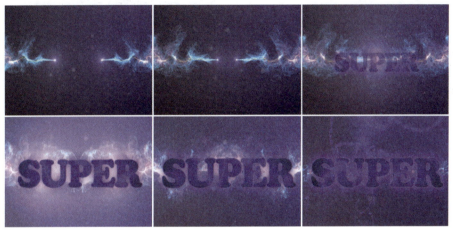

图 5-111

（1）打开"电流素材 01.aep"素材文件，在【时间轴】面板中新建一个名称为"光"的黑色纯色图层，在菜单栏中选择【效果】|【杂色和颗粒】|【分形杂色】命令，为"光"图层添加【分形杂色】效果。在【时间轴】面板中将【分形类型】设置为【字符串】，将【对比度】设置为 500，确认当前时间为 0:00:00:00，在【变换】选项组中将【偏移（湍流）】设置为 25、240，并单击其左侧的【时间变化秒表】按钮，在【子设置】选项组中将【子影响（%）】设置为 0，将【演化】设置为 144°，如图 5-112 所示。

（2）将当前时间设置为 0:00:05:00，在【时间轴】面板中将【偏移（湍流）】设置为 600、240，如图 5-113 所示。

图 5-112

图 5-113

109

(3) 在菜单栏中选择【效果】|【颜色校正】|【色阶】命令，为"光"图层添加【色阶】效果，在【效果控件】面板中将【输入黑色】设置为 175，如图 5-114 所示。

(4) 在菜单栏中选择【效果】|【颜色校正】| CC Toner 命令，为"光"图层添加 CC Toner 效果，在【效果控件】面板中将 Midtones 设置为 #0064FF，如图 5-115 所示。

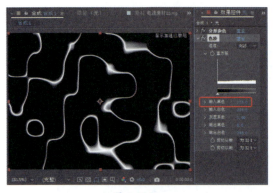
图 5-114

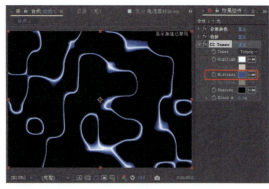
图 5-115

(5) 在菜单栏中选择【效果】|【风格化】|【发光】命令，为"光"图层添加【发光】效果，在【效果控件】面板中，将【发光阈值】设置为 75%，将【发光半径】设置为 25，将【发光强度】设置为 5，如图 5-116 所示。

(6) 在【工具】面板中选择【横排文字工具】，在【合成】面板中输入文字。选择输入的文字，在【字符】面板中将【字体系列】设置为 Cooper Black，将【字体大小】设置为 170 像素，将【字符间距】设置为 −25，单击【全部大写字母】按钮，将【填充颜色】设置为 #FFFFFF。在【时间轴】面板中将文字图层下的【位置】设置为 33、260，如图 5-117 所示。

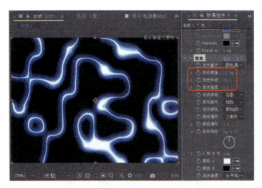
图 5-116

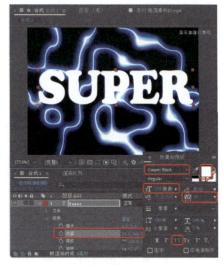
图 5-117

(7) 在菜单栏中选择【效果】|【过时】|【高斯模糊（旧版）】命令，为文字图层添加【高斯模糊（旧版）】效果。在【时间轴】面板中将【模糊度】设置为 200，如图 5-118 所示。

(8) 在【时间轴】面板中将"光"图层的【轨道遮罩】设置为 1.Super，并打开亮度遮罩，如图 5-119 所示。

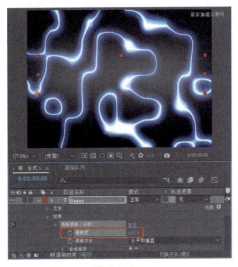
图 5-118

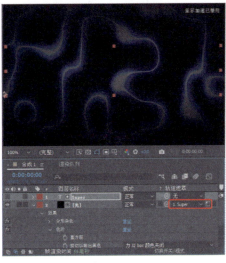
图 5-119

（9）取消隐藏 Super 文字图层，并将其【模式】设置为【相加】，如图 5-120 所示。

（10）按 Ctrl+D 组合键复制出 Super 2 文字图层，并将其【模式】设置为【模板 Alpha】，然后将添加的【高斯模糊（旧版）】效果删除，如图 5-121 所示。

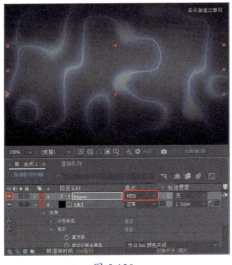
图 5-120

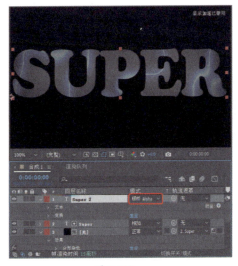
图 5-121

（11）按 Ctrl+D 组合键复制出 Super 3 文字图层，将其【模式】设置为【相加】。在【字符】面板中将【填充颜色】设置为 #000000，将【描边颜色】设置为 #2C54FF，将【描边宽度】设置为 5 像素，将描边方式设置为【在描边上填充】，如图 5-122 所示。

（12）在【时间轴】面板的空白处右击，在弹出的快捷菜单中选择【新建】|【调整图层】命令，新建一个调整图层。在菜单栏中选择【效果】|【颜色校正】| CC Toner 命令，为调整图层添加 CC Toner 效果，在【时间轴】面板中将 Midtones 设置为 #7B03D8，如图 5-123 所示。

图 5-122

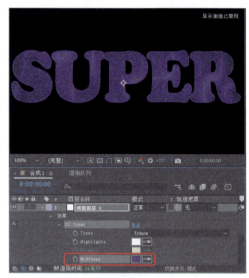
图 5-123

（13）再次新建一个"调整图层 2"图层，在菜单栏中选择【效果】|【风格化】|【发光】命令，即可为"调整图层 2"图层添加【发光】效果。在【时间轴】面板中将【发光基于】设置为【Alpha 通道】，将【发光阈值】设置为 20%，将【发光半径】设置为 50，将【发光颜色】设置为【A 和 B 颜色】，将【颜色 A】设置为 #AD24FC，将【颜色 B】设置为 #7B03D8，如图 5-124 所示。

（14）在【时间轴】面板中选择 Super 3 文字图层，按 Ctrl+D 组合键复制出 Super 4 文字图层，并将 Super 4 文字图层移至最上方，如图 5-125 所示。

图 5-124

图 5-125

（15）将"调整图层 2"图层的【轨道遮罩】设置为 1.Super 4，设置 Alpha 遮罩，打开反转遮罩，并取消隐藏 Super 4 文字图层，将 Super4 文字图层的【描边颜色】设置为

#500083，如图 5-126 所示。

（16）新建一个名称为"合成 2"的合成，在【项目】面板中选择"电流素材 02.mp4"素材文件，按住鼠标左键将其拖曳至【时间轴】面板中，将【缩放】均设置为 41%，如图 5-127 所示。

图 5-126

图 5-127

（17）在【项目】面板中选择"电流素材 03.mp4"素材文件，按住鼠标左键将其拖曳至【时间轴】面板中，将【模式】设置为【相加】，将【缩放】均设置为 50%，如图 5-128 所示。

（18）在【时间轴】面板中选择"电流素材 03.mp4"图层，将其入点设置为 0:00:02:23，如图 5-129 所示。

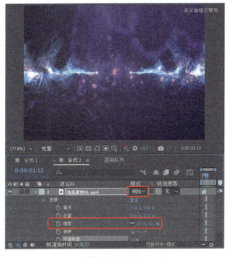

图 5-128

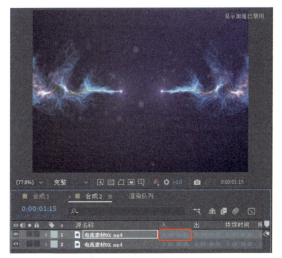

图 5-129

（19）在【项目】面板中选择"合成 1"合成，按住鼠标左键将其拖曳至【时间轴】面板中，将其入点设置为 0:00:00:00。将当前时间设置为 0:00:00:24，在【时间轴】面板中将【位置】

113

设置为300、239，将【缩放】均设置为0，将【不透明度】设置为0，并单击【缩放】与【不透明度】左侧的【时间变化秒表】按钮，如图5-130所示。

（20）将当前时间设置为0:00:01:13，将【缩放】均设置为100%，将【不透明度】设置为100%，如图5-131所示。

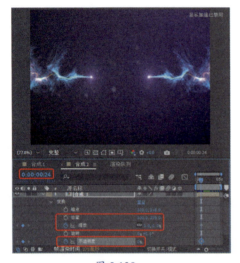

图 5-130

图 5-131

（21）在【时间轴】面板中将"电流素材03.mp4"的【持续时间】设置为0:00:02:02，将"电流素材02.mp4"的【持续时间】设置为0:00:05:00，如图5-132所示。

图 5-132

案例精讲 068　制作科技感文字

本案例主要通过为文字添加【卡片擦除】、【高斯模糊（旧版）】、【色阶】等效果，制作出具有科技感的文字效果，如图5-133所示。

图 5-133

（1）打开"科技素材01.aep"素材文件，在【项目】面板中选择"科技素材02.mp4"素材文件，按住鼠标左键将其拖曳至【时间轴】面板中，将【缩放】均设置为53%，如图5-134所示。

（2）在【项目】面板中选择"科技素材03.mp4"素材文件，按住鼠标左键将其拖曳至【时间轴】面板中，将【位置】设置为364、284.5，将【缩放】均设置为54%，将【模式】设置为【屏幕】，如图5-135所示。

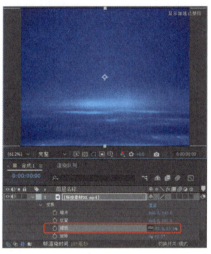
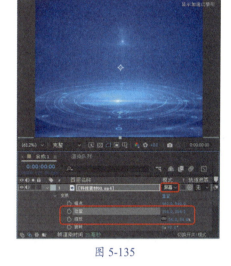

图5-134　　　　　　　　　　　　　　图5-135

（3）在【工具】面板中单击【横排文字工具】按钮，在【合成】面板中单击，输入文字。选中输入的文字，在【字符】面板中将【字体系列】设置为Base 02，将【字体大小】设置为170像素，将【字符间距】设置为60，将【水平缩放】设置为110%，将字体颜色值设置为#FFFFFF。在【段落】面板中单击【居中对齐文本】按钮，并调整其位置，将文字的位置调整为366、414，如图5-136所示。

（4）选中文字图层，在菜单栏中选择【效果】|【过渡】|【卡片擦除】命令，如图5-137所示。

图5-136　　　　　　　　　　　　　　图5-137

（5）将当前时间设置为0:00:00:00，在【时间轴】面板中将【卡片擦除】下的【过渡完成】设置为0，将【行数】设置为1，将【列数】设置为22，如图5-138所示。

（6）将【位置抖动】下的【X抖动量】、【X抖动速度】、【Y抖动速度】、【Z抖动量】、【Z抖动速度】分别设置为0、1.4、0、0、1.5，然后单击【X抖动量】、【Z抖动量】左侧的【时间变化秒表】按钮，如图5-139所示。

图 5-138

图 5-139

（7）将当前时间设置为0:00:02:12，在【时间轴】面板中单击【X抖动速度】、【Z抖动速度】左侧的【时间变化秒表】按钮，然后将【X抖动量】、【Z抖动量】分别设置为5、6.16，如图5-140所示。

（8）将当前时间设置为0:00:03:10，在【时间轴】面板中将【位置抖动】下的【X抖动量】、【X抖动速度】、【Z抖动量】、【Z抖动速度】都设置为0，如图5-141所示。

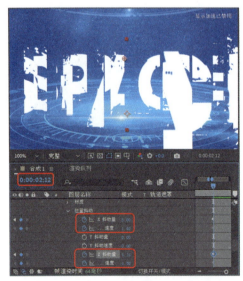
图 5-140

图 5-141

（9）继续将当前时间设置为0:00:03:10，在【时间轴】面板中单击【卡片擦除】下【过渡完成】左侧的【时间变化秒表】按钮，添加一个关键帧，如图5-142所示。

（10）将当前时间设置为0:00:04:10，将【卡片擦除】下的【过渡完成】设置为100%，如图5-143所示。

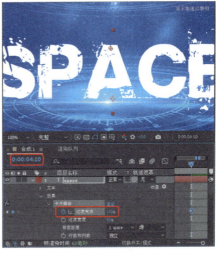

图 5-142　　　　　　　　　　　　　图 5-143

（11）继续选中该图层，在菜单栏中选择【效果】|【过时】|【高斯模糊（旧版）】命令。将当前时间设置为0:00:00:10，在【时间轴】面板中单击【高斯模糊（旧版）】下【模糊度】左侧的【时间变化秒表】按钮，添加一个关键帧，如图5-144所示。

（12）将当前时间设置为0:00:03:10，在【时间轴】面板中将【高斯模糊（旧版）】下的【模糊度】设置为27，并单击其左侧的【时间变化秒表】按钮，如图5-145所示。

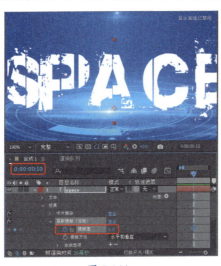
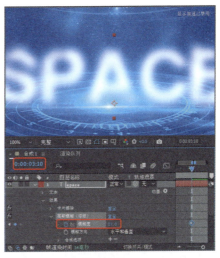

图 5-144　　　　　　　　　　　　　图 5-145

（13）将当前时间设置为0:00:04:10，在【时间轴】面板中将【高斯模糊（旧版）】下的【模糊度】设置为0，并单击其左侧的【时间变化秒表】按钮，如图5-146所示。

（14）继续选中该图层，按Ctrl+D组合键复制该图层，将复制后的图层中的【高斯模糊（旧版）】效果删除。选中复制后的图层，在菜单栏中选择【效果】|【模糊和锐化】|【定向模糊】命令。将当前时间设置为0:00:00:00，在【时间轴】面板中将【定向模糊】下的【模糊长度】设置为100，并单击其左侧的【时间变化秒表】按钮，添加一个关键帧，如图5-147所示。

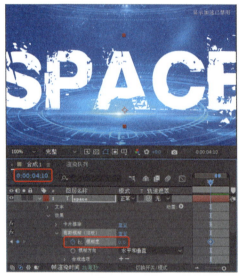

图 5-146

图 5-147

（15）将当前时间设置为0:00:01:17，在【时间轴】面板中将【定向模糊】下的【模糊长度】设置为50，并单击其左侧的【时间变化秒表】按钮，如图5-148所示。

（16）将当前时间设置为0:00:03:10，在【时间轴】面板中将【定向模糊】下的【模糊长度】设置为100，并单击其左侧的【时间变化秒表】按钮，如图5-149所示。

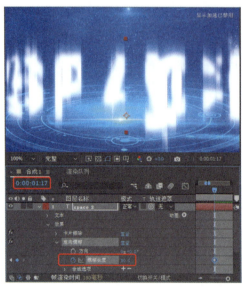

图 5-148

图 5-149

（17）将当前时间设置为 0:00:04:10，在【时间轴】面板中将【定向模糊】下的【模糊长度】设置为 50，如图 5-150 所示。

（18）继续选中该图层，在菜单栏中选择【效果】|【颜色校正】|【色阶】命令，在【效果控件】面板中将【色阶】下的【通道】设置为 RGB，将【输入白色】、【灰度系数】、【输出黑色】、【输出白色】分别设置为 288、1.49、-7.6、306，如图 5-151 所示。

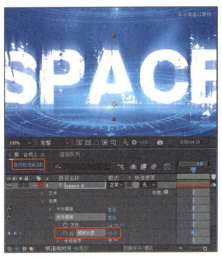

图 5-150

图 5-151

（19）继续选中 space 2 图层，在【时间轴】面板中将该图层的【模式】设置为【相加】，如图 5-152 所示。

（20）在【时间轴】面板中新建一个名称为"遮罩"的黑色纯色图层，在【时间轴】面板中选择 space 2 图层，将【轨道遮罩】设置为【1. 遮罩】，如图 5-153 所示。

图 5-152

图 5-153

（21）将当前时间设置为 0:00:04:10，在【时间轴】面板中选择"遮罩"图层，单击【变换】下【位置】左侧的【时间变化秒表】按钮，将【位置】设置为 360、287.5，添加一个关键帧，如图 5-154 所示。

（22）将当前时间设置为 0:00:05:10，将【变换】下的【位置】设置为 1100、287.5，并单击其左侧的【时间变化秒表】按钮，如图 5-155 所示。

图 5-154

图 5-155

（23）再次新建一个名为"光晕"的纯色图层，在【时间轴】面板中将该图层的【模式】设置为【相加】，选中"光晕"图层，在菜单栏中选择【效果】|【生成】|【镜头光晕】命令。将当前时间设置为 0:00:04:10，将【镜头光晕】下的【光晕中心】设置为 -64、324，并单击其左侧的【时间变化秒表】按钮，按 Alt+[组合键，剪切入点，如图 5-156 所示。

（24）将当前时间设置为 0:00:05:10，将【镜头光晕】下的【光晕中心】设置为 798、324，按 Alt+] 组合键，剪切出点，如图 5-157 所示。

图 5-156

图 5-157

文字效果 第 05 章

案例精讲 069　制作火焰文字（视频案例）

本案例将介绍如何制作火焰文字。首先添加火焰燃烧的背景视频，然后输入文字并为文字添加效果，从而制作出文字燃烧效果，如图 5-158 所示。

图 5-158

案例精讲 070　打字动画（视频案例）

本案例将介绍如何制作打字动画。首先使用【圆角矩形工具】绘制对话框，再通过设置关键帧参数制作出弹出信息的效果，然后使用【横排文字工具】输入文本，并为其添加【打字机】动画预设效果，制作出打字动画效果，如图 5-159 所示。

图 5-159

Chapter 06 滤镜特效

本章导读：

在 After Effects 2023 中内置了数百种特效，巧妙地使用这些特效可以高效且精确地制作出多种引人注目的动态图形和震撼人心的视觉效果。本章将介绍通过使用特效来制作各种效果的方法，包括下雪、下雨、水墨画和心电图等。

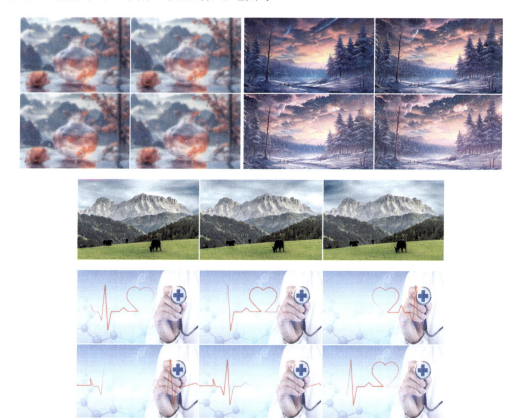

案例精讲 071　制作下雨效果

本案例将介绍如何制作下雨效果。首先为素材图片添加 CC Rainfall 特效来模拟下雨效果，然后制作图片运动动画，完成后的效果如图 6-1 所示。

图 6-1

（1）按 Ctrl+O 组合键，打开"素材 \Cha06\ 下雨素材 01.aep"素材文件，在【项目】面板中选择"下雨素材 02.mp4"文件，将其拖至【时间轴】面板中，如图 6-2 所示。

（2）选中该图层，在菜单栏中选择【效果】|【模拟】|CC Rainfall 命令，在【时间轴】面板中将 CC Rainfall 下的 Drops、Size、Scene Depth、Speed、Variation%（Wind）、Opacity 分别设置为 8500、5、5000、4000、10、24，将 Extras 选项组中的 Offset 设置为 600、457，如图 6-3 所示。

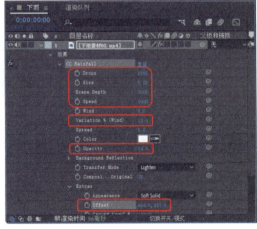

图 6-2　　　　　　　　　　　　图 6-3

（3）拖动时间线，在【合成】面板中可以查看下雨效果，如图 6-4 所示。

（4）将【项目】面板中的"下雨素材 02.mp3"音频文件拖曳至【时间轴】面板中，如图 6-5 所示。

第 06 章 滤镜特效

图 6-4

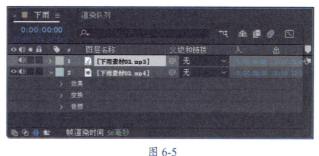

图 6-5

 知识链接：CC Rainfall 效果参数的作用

CC Rainfall 特效可以模拟下雨的效果，操作起来非常简单。
- Drops：用于设置雨的数量。
- Size：用于设置下雨规模的大小。
- Scene Depth：用于设置下雨场景强烈程度。
- Speed：用于设置下雨的角度。
- Wind：用于设置风的速度。
- Variation%（Wind）：用于设置雨滴受气流影响的程度。
- Spread：用于设置雨滴的分散程度。
- Color：用于设置雨点的颜色。
- Opacity：用于设置雨点的透明度。
- Background Reflection：用于设置背景的反射强度。
- Transfer Mode：用于设置雨的传输模式。
- Composite With Original：选中该选项，则不显示背景。

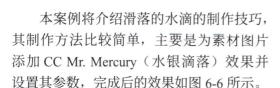

案例精讲 072　制作水滴滑落效果

本案例将介绍滑落的水滴的制作技巧，其制作方法比较简单，主要是为素材图片添加 CC Mr. Mercury（水银滴落）效果并设置其参数，完成后的效果如图 6-6 所示。

（1）按 Ctrl+O 组合键，打开"素材\Cha06\水滴素材 01.aep"素材文件，在【项目】面板中选择"水滴素材 02.jpg"素材文件，将其拖曳至【时间轴】面板中，将【缩放】均设置为 75%，如图 6-7 所示。

（2）按 Ctrl+D 组合键复制图层，将复制后的图层重命名为"水滴"，如图 6-8 所示。

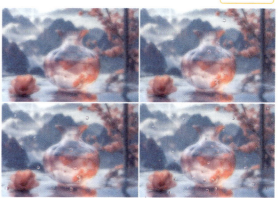

图 6-6

125

图 6-7

图 6-8

（3）确认"水滴"图层处于选中状态，在菜单栏中选择【效果】|【模拟】|CC Mr. Mercury 命令，即可为图层添加 CC Mr. Mercury 效果。在【效果控件】面板中将 Radius X 设置为 147，将 Radius Y 设置为 159，将 Producer 设置为 1000、0，将 Velocity 设置为 0，将 Birth Rate 设置为 0.6，将 Longevity（sec）设置为 4，将 Gravity 设置为 0.5，将 Resistance 设置为 0.5，将 Animation 设置为 Direction，将 Influence Map 设置为 Constant Blobs，将 Blob Birth Size 设置为 0.2，将 Blob Death Size 设置为 0.1，在 Light 选项组中将 Light Intensity 设置为 22，将 Light Direction 设置为 84°，如图 6-9 所示。

（4）拖动时间线在【合成】面板中预览效果，如图 6-10 所示。

图 6-9

图 6-10

> **提示：**
> 为图像添加 CC Mr. Mercury 特效之后，就可以产生水或者水银等液体下泄的效果，不用设置系统会自动生成动画，而且效果不错。也可用来模拟水从对象表面流下时所产生的折射效果。

案例精讲 073　制作下雪效果

本案例将介绍下雪效果的制作方法，主要是通过为素材图片添加 CC Snowfall 特效来模拟下雪效果，完成后的效果如图 6-11 所示。

(1) 按 Ctrl+O 组合键，打开"素材\Cha06\下雪素材 01.aep"素材文件，在【项目】面板中选择"下雪素材 02.mp4"文件，将其拖到【时间轴】面板中，将【缩放】均设置为 71%，如图 6-12 所示。

图 6-11

(2) 选中该图层，在菜单栏中选择【效果】|【模拟】|CC Snowfall 命令，如图 6-13 所示。

图 6-12

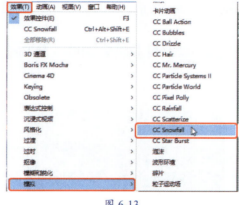

图 6-13

> 提示：
> 在【效果和预设】面板中双击【模拟】下的 CC Snowfall 效果，或者直接将该效果拖曳至图层上，也可以为选择的图层添加该效果。

(3) 继续选中该图层，将当前时间设置为 0:00:00:00，在【时间轴】面板中将 CC Snowfall 下的 Flakes、Size、Variation %（Size）、Scene Depth、Speed、Variation%（Speed）、Spread、Opacity 分别设置为 0、10、70、6690、50、100、47.9、100，单击 Flakes 左侧的【时间变化秒表】按钮，将 Background Illumination 选项组中的 Influence%、Spread Width、Spread Height 分别设置为 31、0、50，将 Extras 选项组中的 Offset 设置为 512、374，如图 6-14 所示。

(4) 将当前时间设置为 0:00:03:27，将 Flakes 设置为 42300，如图 6-15 所示。

127

图 6-14

图 6-15

> 提示：
> CC Snowfall 特效用来模拟下雪的效果，下雪的速度相当快，但使用该特效时不能调整雪花的形状。

（5）将【项目】面板中的"下雪素材 03.mp3"音频文件拖曳至【时间轴】面板中，将当前时间设置为 0:00:03:20，将【音频】下方的【音频电平】设置为 0，单击【音频电平】左侧的【时间变化秒表】按钮，如图 6-16 所示。

（6）将当前时间设置为 0:00:03:27，将【音频】下方的【音频电平】设置为 -10dB，如图 6-17 所示。

图 6-16

图 6-17

案例精讲 074　制作太阳光晕特效

本案例主要讲解如何制作太阳光晕特效。首先为素材添加【照片滤镜】、【曝光度】及【颜色平衡】特效，再调整视频背景的颜色，然后新建纯色图层，并为其添加【镜头光晕】特效，制作出太阳光晕特效。完成后的效果如图 6-18 所示。

(1) 按 Ctrl+O 组合键，打开"素材\Cha06\光晕素材 01.aep"素材文件，在【项目】面板中选择"光晕素材 02.mp4"文件，将其拖曳到【时间轴】面板中，将【缩放】均设置为 150%，如图 6-19 所示。

(2) 在【效果和预设】面板中搜索【照片滤镜】特效，将该特效拖曳至"光晕素材 02.mp4"图层上，在【时间轴】面板中将【照片滤镜】|【滤镜】设置为【绿】，将【密度】设置为 30%，将【保持发光度】设置为【关】，如图 6-20 所示。

图 6-18

图 6-19

图 6-20

(3) 为"光晕素材 02.mp4"添加【曝光度】特效，将【通道】设置为单个通道，将【红色】选项组中的【红色曝光度】、【红色偏移】、【红色灰度系数校正】分别设置为 0.49、0、1，将【绿色】选项组中的【绿色曝光度】设置为 0.51，将【蓝色】选项组中的【蓝色曝光度】、【蓝色偏移】、【蓝色灰度系数校正】分别设置为 0.44、0、2，如图 6-21 所示。

(4) 为"光晕素材 02.mp4"添加【颜色平衡】特效，将【高光绿色平衡】设置为 -20，如图 6-22 所示。

(5) 在【时间轴】面板的空白位置右击，在弹出的快捷菜单中选择【新建】|【纯色】命令，在弹出的对话框中将【名称】设置为"镜头光晕"，单击【确定】按钮。为"镜头光晕"图层添加【镜头光晕】特效，将当前时间设置为 0:00:00:00，在【时间轴】面板中将【光晕中心】设置为 1976、222，单击【光晕中心】左侧的【时间变化秒表】按钮，将【光晕亮度】设置为 159%，将【镜头类型】设置为【50-300 毫米变焦】，将【与原始图像混合】设置为 49%，如图 6-23 所示。

(6) 将当前时间设置为 0:00:04:17，在【时间轴】面板中将【光晕中心】设置为 504、222，将"镜头光晕"图层的【模式】设置为【相加】，如图 6-24 所示。

图 6-21　　　　　　　　图 6-22

图 6-23　　　　　　　　图 6-24

案例精讲 075　制作闪电效果

本案例将讲解如何制作闪电效果，最终效果如图 6-25 所示。

图 6-25

(1) 按 Ctrl+O 组合键，打开"素材\Cha06\闪电素材 01.aep"素材文件，在【项目】面板中选择"闪电素材 02.mp4"文件，将其拖至【时间轴】面板中，在【时间轴】面板中将【缩放】均设置为 73%，如图 6-26 所示。

(2) 在【效果和预设】面板中搜索【亮度和对比度】特效，将该特效添加至素材文件上，在【时间轴】面板中将【亮度】、【对比度】分别设置为 -40、50，如图 6-27 所示。

图 6-26

图 6-27

(3) 新建一个"雨"纯色图层，为其添加 CC Rainfall 特效，在【时间轴】面板中将 Size 设置为 6，将 Wind、Variation%（Wind）分别设置为 870、38，将 Opacity 设置为 50，将图层的【模式】设置为【屏幕】，如图 6-28 所示。

(4) 新建一个"闪电"纯色图层，将其入点时间设置为 0:00:00:10，如图 6-29 所示。

图 6-28

图 6-29

(5) 为"闪电"图层添加【高级闪电】效果，确认当前时间为 0:00:00:10，在【时间轴】面板中将【闪电类型】设置为【随机】，将【源点】设置为 375.9、148.9，将【外径】设置为 1040、810，单击【外径】左侧的【时间变化秒表】按钮，将【核心半径】与【核心不透明度】分别设置为 3、100%，单击【核心不透明度】左侧的【时间变化秒表】按钮，将【发光半径】、【发光不透明度】分别设置为 30、50%，单击【发光不透明度】左侧的【时间变化秒表】按钮，将【发光颜色】设置为 #2A3996，将【Alpha 障碍】、【分叉】分别设置为 10、11%，如图 6-30 所示。

（6）将当前时间设置为 0:00:01:10，在【时间轴】面板中将【外径】设置为 577、532，将【核心不透明度】、【发光不透明度】分别设置为 50%、0，将图层的【模式】设置为【相加】，如图 6-31 所示。

图 6-30

图 6-31

（7）继续选中"闪电"图层，将当前时间设置为 0:00:01:10，将其时间滑块的结尾处与时间线对齐，如图 6-32 所示。

（8）继续选中该图层，按 Ctrl+D 组合键复制图层，将复制后的对象命名为"闪电 2"，将其入点时间设置为 0:00:02:00。将当前时间设置为 0:00:02:00，在【时间轴】面板中将【闪电类型】设置为【击打】，将【源点】设置为 948.5、11.9，将【方向】设置为 737、352，将【核心不透明度】设置为 75%，如图 6-33 所示。

图 6-32

图 6-33

滤镜特效　第 06 章

（9）将当前时间设置为 0:00:03:00，在【时间轴】面板中将【方向】设置为 629、383，将【核心不透明度】设置为 0，如图 6-34 所示。

（10）在【时间轴】面板中选择"闪电 2"图层，按 Ctrl+D 组合键复制图层，将复制后的图层命名为"闪电 3"。将当前时间设置为 0:00:03:13，将该图层的入点时间设置为 0:00:03:13，再将【闪电类型】设置为【击打】，将【源点】设置为 393.5、11.9，将【方向】设置为 654、352，如图 6-35 所示。

图 6-34

图 6-35

（11）在【项目】面板中选择"闪电素材 03.mp3"音频文件，按住鼠标左键将其拖曳至"闪电 3"图层的下方，如图 6-36 所示。

（12）在【项目】面板中选择"闪电素材 04.mp3"文件，按住鼠标左键将其拖至【时间轴】面板中，并放至"闪电素材 02.mp4"图层下方，如图 6-37 所示。

图 6-36

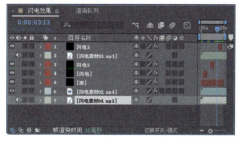
图 6-37

案例精讲 076　制作梦幻宇宙特效

本案例将介绍梦幻宇宙特效的制作方法。首先为纯色图层添加 CC Particle Systems Ⅱ（粒子仿真系统 Ⅱ）效果，将粒子类型设置为星形，然后为星形添加【发光】效果，最后复制纯色图层，并更改星形的颜色，完成后的效果如图 6-38 所示。

133

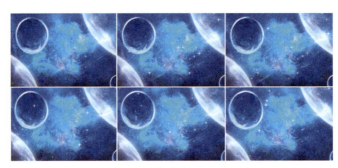

图 6-38

（1）按 Ctrl+O 组合键，打开"素材\Cha06\宇宙素材 01.aep"素材文件，在【项目】面板中选择"宇宙素材 02.mp4"素材文件，将其拖曳至【时间轴】面板中，将【缩放】均设置为 67%，如图 6-39 所示。

（2）在【时间轴】面板的空白处右击，在弹出的快捷菜单中选择【新建】|【纯色】命令，弹出【纯色设置】对话框，设置【名称】为"星 1"，将【颜色】设置为 #000000，如图 6-40 所示。

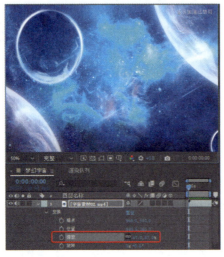

图 6-39

图 6-40

（3）单击【确定】按钮，即可新建"星 1"图层。在菜单栏中选择【效果】|【模拟】| CC Particle Systems II 命令，即可为"星 1"图层添加 CC Particle Systems II 效果。在【时间轴】面板中将 Birth Rate 设置为 0.3，在 Producer 选项组中将 Position 设置为 360、-346，将 Radius X 设置为 140，将 Radius Y 设置为 160，在 Physics 选项组中将 Velocity 设置为 0，将 Gravity 设置为 0，在 Particle 选项组中将 Particle Type 设置为 Star，将 Birth Size 设置为 0.06，将 Death Size 设置为 0.3，将 Birth Color 设置为 #FFFFFF，将 Death Color 设置为 #3E74E0，如图 6-41 所示。

（4）在菜单栏中选择【效果】|【风格化】|【发光】命令，即可为"星 1"图层添加【发光】效果，在【时间轴】面板中将【发光阈值】设置为 30%，将【发光半径】设置为 100，如图 6-42 所示。

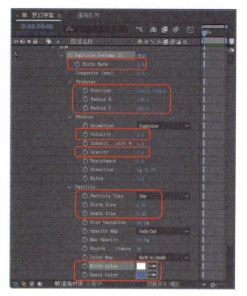 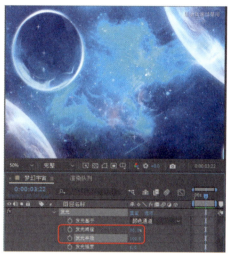

图 6-41　　　　　　　　　　　图 6-42

（5）按 Ctrl+D 组合键复制"星 1"图层，并将复制后的图层重命名为"星 2"。在【效果控件】面板中，更改"星 2"图层的 CC Particle Systems Ⅱ 效果参数，将 Longevity（sec）设置为 1.5，在 Producer 选项组中将 Position 设置为 429、-401，将 Radius X 设置为 150，将 Birth Size 设置为 0.2，如图 6-43 所示。

（6）将"星 2"图层下方【发光】下的【发光阈值】、【发光半径】分别设置为 50%、60，如图 6-44 所示。

提示：
在图层上右击，在弹出的快捷菜单中选择【重命名】命令，即可重命名图层。

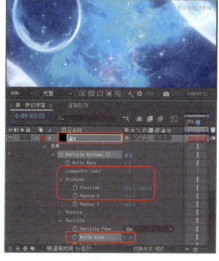 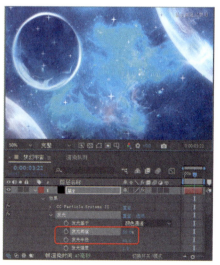

图 6-43　　　　　　　　　　　图 6-44

案例精讲 077　制作飘动的云彩

本案例将介绍如何制作飘动的云彩。首先使用【分形杂色】、【色阶】和【色调】特效制作出天空，然后制作摄像机动画，完成后的效果如图 6-45 所示。

图 6-45

（1）按 Ctrl+O 组合键，打开"素材 \Cha06\ 云彩素材 01.aep"素材文件。在【时间轴】面板中右击，在弹出的快捷菜单中选择【新建】|【纯色】命令，在弹出的对话框中将【名称】设置为"天空"，将【宽度】、【高度】分别设置为 720 像素、576 像素，将【颜色】设置为 #FFFFFF，设置完成后，单击【确定】按钮，如图 6-46 所示。

（2）选中该图层，在菜单栏中选择【效果】|【杂色和颗粒】|【分形杂色】命令。将当前时间设置为 0:00:00:00，在【时间轴】面板中将【分形杂色】下的【分形类型】设置为【动态扭转】，将【杂色类型】设置为【样条】，将【溢出】设置为【剪切】，将【变换】选项组中的【统一缩放】设置为【关】，将【缩放宽度】设置为 350，单击【偏移（湍流）】左侧的【时间变化秒表】按钮，将其参数设置为 91、288，在【子设置】选项组中将【子影响（%）】设置为 60，单击【子旋转】左侧的【时间变化秒表】按钮，然后单击【演化】左侧的【时间变化秒表】按钮，将【演化】设置为 221°，如图 6-47 所示。

图 6-46

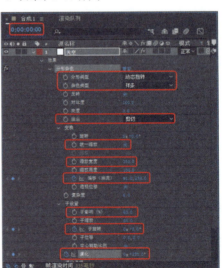

图 6-47

（3）将当前时间设置为 0:00:07:24，在【时间轴】面板中将【偏移（湍流）】设置为 523、288，将【子旋转】、【演化】分别设置为 10°、240°，如图 6-48 所示。

滤镜特效 第 06 章

提示：
　　【湍流杂色】效果本质上是【分形杂色】效果的现代高性能实现。【湍流杂色】效果需要的渲染时间较短，且更易于创建平滑动画。【湍流杂色】效果还可以更准确地对湍流系统建模，并且较小的杂色要素比较大的杂色要素移动得更快。使用【分形杂色】效果代替【湍流杂色】效果的主要原因是，前者适合创建循环动画，而【湍流杂色】效果没有循环属性。

　　（4）继续选中该图层，在菜单栏中选择【效果】|【颜色校正】|【色阶】命令，在【效果控件】面板中将【色阶】下的【输入黑色】、【输入白色】、【灰度系数】分别设置为90、196、1.6，如图6-49所示。

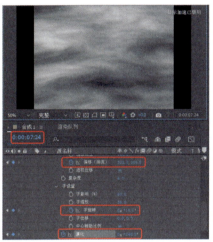

图 6-48　　　　　　　　　　　　　　图 6-49

提示：
　　【色阶】效果可将输入的颜色或Alpha通道色阶的范围重新映射到输出色阶的新范围，并由灰度系数值确定值的分布。

　　（5）继续选中该图层，在菜单栏中选择【效果】|【颜色校正】|【色调】命令，在【时间轴】面板中将【色调】下的【将黑色映射到】的颜色值设置为#065E93，如图6-50所示。

　　（6）继续选中该图层，在【时间轴】面板中打开该图层的三维开关，将【变换】下的【位置】设置为450、391.8、75.4，将【缩放】都设置为140%，将【方向】设置为36°、0、0，如图6-51所示。

　　（7）将当前时间设置为0:00:00:00，在【项目】面板中选择"云彩素材02.png"素材文件，按住鼠标左键将其拖曳至【时间轴】面板中，将【缩放】均设置为57%，如图6-52所示。

提示：
　　关键帧用于设置动作、效果、音频以及其他属性的参数，这些参数通常随时间变化。关键帧标记为图层属性（如空间位置、不透明度或音量）指定值的时间点。可以在关键帧之间插补值。使用关键帧创建随时间推移的变化时，通常使用至少两个关键帧：一个对应于变化开始的状态，另一个对应于变化结束的状态。

（8）在【时间轴】面板的空白处右击，在弹出的快捷菜单中选择【新建】|【摄像机】命令，在弹出的对话框中单击【确定】按钮。选中该图层，将【变换】下的【目标点】设置为 450、300、-95，将【位置】设置为 450、342、-576，将【摄像机选项】下的【缩放】、【焦距】、【光圈】分别设置为 525 像素、525 像素、12 像素，如图 6-53 所示。

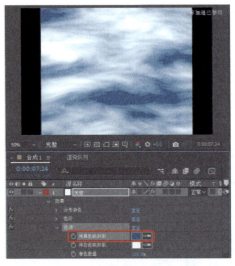

图 6-50　　　　　　　　　　　　　图 6-51

图 6-52　　　　　　　　　　　　　图 6-53

案例精讲 078　制作飞舞的泡泡

本案例将讲解如何制作飞舞的泡泡，主要通过为纯色图层添加【泡沫】和【四色渐变】特效来制作飞舞的泡泡效果。完成后的效果如图 6-54 所示。

(1) 按 Ctrl+O 组合键，打开"素材\Cha06\泡泡素材 01.aep"素材文件，在【项目】面板中选择"泡泡背景 .mp4"文件，将其拖到【时间轴】面板中，如图 6-55 所示。

(2) 在【时间轴】面板的空白处右击鼠标，在弹出的快捷菜单中选择【新建】|【纯色】命令，新建一个名称为"泡泡"的黑色纯色图层，在【效果和预设】面板中搜索【泡沫】特效，将该特效拖曳至"泡泡"

图 6-54

图层上。确认当前时间为 0:00:00:00，在【时间轴】面板中将【视图】设置为【已渲染】，将【制作者】选项组中的【产生点】设置为 530、139.5，单击【产生点】左侧的【时间变化秒表】按钮，将【产生 X 大小】、【产生 Y 大小】均设置为 0.05，将【气泡】选项组中的【大小】、【强度】分别设置为 2、5，将【流动映射】选项组中的【模拟品质】设置为【强烈】，将【随机植入】设置为 2，如图 6-56 所示。

图 6-55   图 6-56

(3) 将当前时间设置为 0:00:04:17，将【制作者】选项组中的【产生点】设置为 530、189.5，将【正在渲染】选项组中的【气泡纹理】设置为【小雨】，如图 6-57 所示。

(4) 展开【变换】选项组，将【位置】设置为 1482、580，将【缩放】均设置为 147%，将【模式】设置为【屏幕】，如图 6-58 所示。

(5) 为"泡泡"图层添加【四色渐变】特效，在【时间轴】面板中将【点 1】设置为 100、66.7，将【颜色 1】设置为 #FFFF00，将【点 2】设置为 900、66.7，将【颜色 2】设置为 #00FF00，将【点 3】设置为 100、600.3，将【颜色 3】设置为 #FF00FF，将【点 4】设置为 900、600.3，将【颜色 4】设置为 #0000FF，将【混合】、【抖动】、【不透明度】分别设置为 100、0、100%，将【混合模式】设置为【强光】，如图 6-59 所示。

(6) 拖动时间线在【合成】面板中预览效果，如图 6-60 所示。

图 6-57

图 6-58

图 6-59

图 6-60

案例精讲 079　制作桌面上的卷画

本案例将介绍如何制作桌面上的卷画。该例的制作方法比较简单，首先为图片添加 CC Cylinder 效果来制作卷画效果，然后为制作的卷画添加投影，完成后的效果如图 6-61 所示。

（1）按 Ctrl+O 组合键，打开"素材\Cha06\卷画素材 01.aep"素材文件，在【项目】面板中选择"卷画素材 02.jpg"素材文件，按住鼠标左键将其拖曳至【时间轴】面板中，将【缩放】均设置为 51%，如图 6-62 所示。

图 6-61

（2）继续选中该图层，在【效果和预设】面板中搜索【亮度和对比度】效果，为选中的图层添加该效果，在【时间轴】面板中将【亮度】、【对比度】分别设置为19、50，如图6-63所示。

图 6-62

图 6-63

（3）在【项目】面板中选择"卷画素材03.jpg"素材文件，按住鼠标左键将其拖曳至【合成】面板中，在【时间轴】面板中将【变换】下的【位置】设置为383、429，将【缩放】均设置为65%，如图6-64所示。

（4）继续选中该图层，在菜单栏中选择【效果】|【透视】|CC Cylinder 命令，在【时间轴】面板中将 CC Cylinder 下的 Radius（%）设置为28，将 Rotation 下的 Rotation Z 设置为48°，将 Light 下的 Light Intensity 设置为145，将 Light Direction 设置为-40°，如图6-65所示。

图 6-64

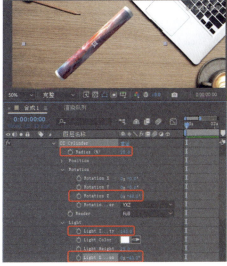

图 6-65

知识链接：CC Cylinder 效果部分参数的作用

CC Cylinder 特效可以模拟很多意想不到的效果。它可以将平面的图层进行弯曲处理，并且在三维空间中旋转，用户可以从任意角度对其进行观察。此外，该效果还能将图层进行三维变形等。

- Radius%：半径，也就是将图层弯曲成圆柱体后的半径大小。
- Position%：控制位移。
  - Position X：控制 X 向的位移。
  - Position Y：控制 Y 向的位移。
  - Position Z：控制 Z 向的位移。
- Rotation：控制旋转。
  - Rotation X：控制 X 轴的旋转。
  - Rotation Y：控制 Y 轴的旋转。
  - Rotation Z：控制 Z 轴的旋转。
- Render：设置渲染，单击显示下拉列表。
  - Full：选择该选项，可对整个图形进行渲染。
  - Outside：选择该选项，只对外侧面进行渲染。
  - Inside：选择该选项，只对内侧面进行渲染。
- Light：用于设置灯光。
  - Light intensity：用于设置灯光强度。
  - Light color：用于设置灯光颜色。
  - Light height：用于设置灯光高度。
  - Light direction：用于设置灯光方向。
- Shading：用于设置着色方式。
  - Ambient：用于设置环境亮度。
  - Diffuse：用于设置固有色强度。
  - Specular：用于设置高光强度。
  - Roughness：用于设置粗糙度。
  - Metal：用于设置金属度。

（5）继续选中该图层，在菜单栏中选择【效果】|【透视】|【投影】命令，在【时间轴】面板中将【投影】下的【距离】、【柔和度】分别设置为 27、60，如图 6-66 所示。

（6）继续选中该图层，在【效果和预设】面板中搜索【亮度和对比度】效果，为选中的图层添加该效果，在【时间轴】面板中将【亮度】、【对比度】分别设置为 34、29，如图 6-67 所示。

（7）在【项目】面板中选择"卷画素材 04.jpg"素材文件，按住鼠标左键将其拖曳至【合成】面板中，在【时间轴】面板中将【位置】设置为 462、450，将【缩放】均设置为 55%，如图 6-68 所示。

（8）继续选中该图层，为其添加 CC Cylinder 效果，在【效果控件】面板中将 CC Cylinder 下的 Radius（%）设置为 28，将 Rotation 下的 Rotation X、Rotation Z 分别设置为

17°、-32°，将 Light 下的 Light Intensity 设置为 135，将 Light Height 设置为 48，将 Light Direction 设置为 -187°，如图 6-69 所示。

图 6-66

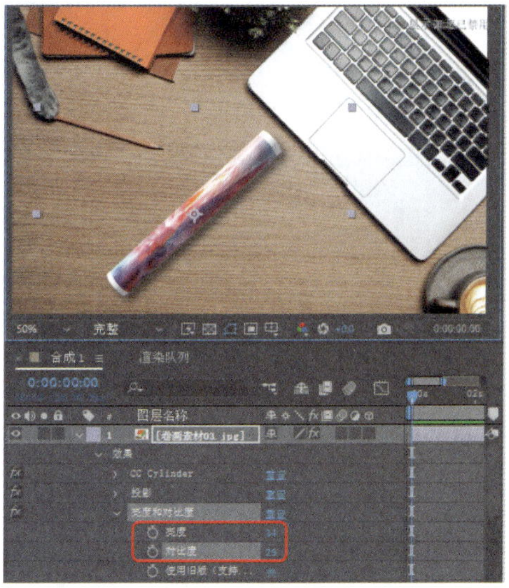

图 6-67

图 6-68

图 6-69

（9）继续选中该图层，在菜单栏中选择【效果】|【透视】|【投影】命令，为选中的图层添加【投影】效果。在【时间轴】面板中将【投影】下的【距离】、【柔和度】分别设置为 27、60，如图 6-70 所示。

（10）继续选中该图层，在【效果和预设】面板中搜索【亮度和对比度】效果，为选中的图层添加该效果。在【时间轴】面板中将【亮度】、【对比度】分别设置为 16、9，如图 6-71 所示。

图 6-70　　　　　　　　　　　图 6-71

案例精讲 080　制作水墨画（视频案例）

本案例将介绍水墨画的制作方法。首先将素材图片调整为水墨画风格，然后添加视频文件，最后制作文字动画，完成后的效果如图 6-72 所示。

图 6-72

案例精讲 081　制作心电图

本案例将介绍心电图的制作方法。首先制作栅格，然后使用【钢笔工具】绘制蒙版路径，最后通过添加【勾画】和【发光】效果制作出心电图波线，完成后的效果如图 6-73 所示。

（1）按 Ctrl+O 组合键，打开"素材 \Cha06\ 心电图素材 01.aep"素材文件，在【项目】面板中选择"心电图素材 02.jpg"素材文件，将其拖曳至【时间轴】面板中，将【缩放】均设置为 20%，如图 6-74 所示。

（2）在【时间轴】面板的空白处右击，在弹出的快捷菜单中选择【新建】|【纯色】命令，弹出【纯色设置】对话框，设置【名称】为"栅格"，将【颜色】设置为#000000，如图6-75所示。

图 6-73

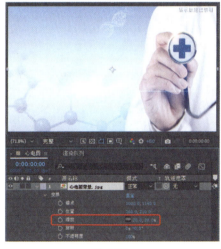

图 6-74

图 6-75

（3）单击【确定】按钮，即可新建"栅格"图层。在菜单栏中选择【效果】|【生成】|【网格】命令，即可为该图层添加【网格】效果。在【时间轴】面板中将【锚点】设置为360、300，将【大小依据】设置为【宽度和高度滑块】，将【宽度】设置为63，将【高度】设置为43，将【边界】设置为1.5，将【颜色】设置为#67B7E9，如图6-76所示。

> **知识链接：【网格】效果部分参数的作用**
>
> 使用【网格】效果可创建自定义的网格。可以纯色渲染此网格，也可将其用作源图层Alpha通道的蒙版。此效果适合生成设计元素和遮罩，可在这些设计元素和遮罩中应用其他效果。
>
> - 【锚点】：用于设置网格图案的源点。移动此点会使图案发生位移。
> - 【大小依据】：确定矩形尺寸的方式。
> - 【边界】：用于设置网格线的粗细。值为0时网格消失。
> - 【羽化】：用于设置网格的柔和度。

- 【反转网格】：用于反转网格的透明和不透明区域。
- 【颜色】：用于设置网格的颜色。
- 【不透明度】：用于设置网格的不透明度。
- 【混合模式】：用于在原始图层上面合成网格的混合模式。这些混合模式与【时间轴】面板中的混合模式一样，但默认模式【无】除外，此设置仅渲染网格。

（4）选中"栅格"图层，在菜单栏中选择【效果】|【风格化】|【发光】命令，即可为该图层添加【发光】效果，在【时间轴】面板中使用默认参数即可，如图6-77所示。

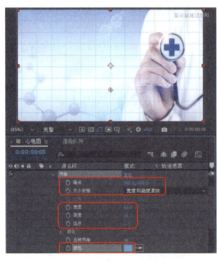

图 6-76

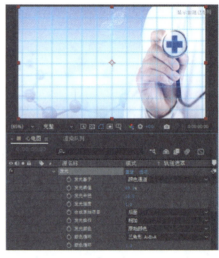

图 6-77

（5）在时间轴中将"栅格"图层的【不透明度】设置为45%，将【模式】设置为【屏幕】，如图6-78所示。

（6）在【时间轴】面板的空白处右击，在弹出的快捷菜单中选择【新建】|【纯色】命令，弹出【纯色设置】对话框，在【名称】文本框中输入"心电图"，如图6-79所示。

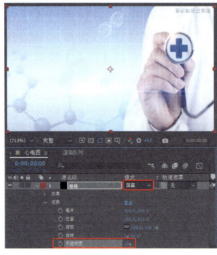

图 6-78

图 6-79

(7)单击【确定】按钮,即可新建"心电图"图层。确认"心电图"图层处于选中状态,在【工具】面板中单击【钢笔工具】按钮,在【合成】面板中绘制心电图波线,效果如图 6-80 所示。

> **提示:**
> 为了方便绘制心电图波线,可以在菜单栏中选择【视图】|【显示网格】命令,显示出网格。绘制完成后,再次选择【显示网格】命令即可隐藏网格。

(8)继续选择"栅格"图层,在菜单栏中选择【效果】|【生成】|【勾画】命令,即可为该图层添加【勾画】效果。将当前时间设置为 0:00:00:00,在【时间轴】面板中将【描边】设置为【蒙版/路径】,在【片段】选项组中将【片段】设置为 1,将【长度】设置为 0.6,将【片段分布】设置为【成簇分布】,单击【旋转】左侧的【时间变化秒表】按钮,在【正在渲染】选项组中将【混合模式】设置为【透明】,将【颜色】设置为 #FF0000,将【宽度】设置为 1,将【硬度】设置为 0.15,将【起始点不透明度】设置为 0,将【中点不透明度】设置为 1,如图 6-81 所示。

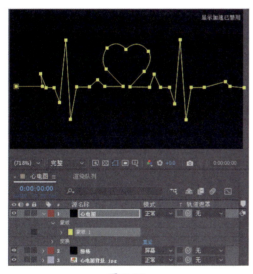

图 6-80

图 6-81

> **知识链接:【勾画】效果部分参数的作用**
>
> 【勾画】效果可以在对象周围生成航行灯和其他基于路径的脉冲动画。可以勾画任何对象的轮廓,使用光照或更长的脉冲围绕此对象,然后为其设置动画,以创建在对象周围追光的景象。
>
> - 【描边】:用于设置描边基于的对象,包括【图像等高线】和【蒙版/路径】两个选项。
> - 【片段】:用于指定创建各描边等高线所用的段数。
> - 【长度】:用于确定与可能最大的长度有关的片段的描边长度。例如,如果【片段】设置为 1,则描边的最大长度是围绕对象轮廓移动一周的完整长度。
> - 【片段分布】:用于确定片段的间距。【成簇分布】用于将片段像火车车厢一样连到一起;片段长度越短,火车的总长度越短。【均匀分布】用于在等高线周围均匀间隔片段。
> - 【旋转】:可为等高线周围的片段设置动画。

- 【混合模式】：用于确定描边应用到图层的方式。【透明】用于在透明背景上创建效果。【上面】用于将描边放置在现有图层上面。【下面】用于将描边放置在现有图层下面。【模板】可使用描边作为 Alpha 通道蒙版，并使用原始图层的像素填充描边。
- 【颜色】：用于指定描边颜色。
- 【宽度】：用于指定描边的宽度，以像素为单位。支持小数值。
- 【硬度】：用于确定描边边缘的锐化程度或模糊程度。当值为 1 时，可创建略微模糊的效果；当值为 0 时，可使线条边缘变模糊。
- 【起始点不透明度】、【结束点不透明度】：用于指定描边起始点或结束点的不透明度。
- 【中点不透明度】：用于指定描边中点的不透明度。此控件适用于相对不透明度，而不适用于绝对不透明度。将其设置为 0，可使不透明度从起始点平滑地转变到结束点，就像根本没有中点一样。

（9）将当前时间设置为 0:00:09:24，将【旋转】设置为 4x+0°，如图 6-82 所示。

（10）选中"心电图"图层，在菜单栏中选择【效果】|【风格化】|【发光】命令，即可为该图层添加【发光】效果，使用默认参数，将【变换】下的【位置】设置为 372、210，将【缩放】均设置为 110%，如图 6-83 所示。

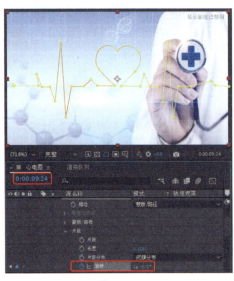
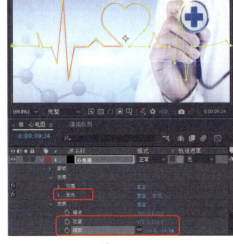

图 6-82　　　　　　　　　　　图 6-83

案例精讲 082　制作翻书效果（视频案例）

本案例将介绍如何制作翻书效果。通过为图片添加 CC Page Turn 特效并设置关键帧参数，完成翻书动画的制作，效果如图 6-84 所示。

第 06 章 滤镜特效

图 6-84

案例精讲 083 制作流光线条

本案例将介绍流光线条的制作方法。首先使用【钢笔工具】绘制路径，然后为绘制的路径添加【勾画】和【发光】效果，接着通过添加【梯度渐变】特效制作背景，最后为线条添加【湍流置换】特效并复制线条，完成后的效果如图 6-85 所示。

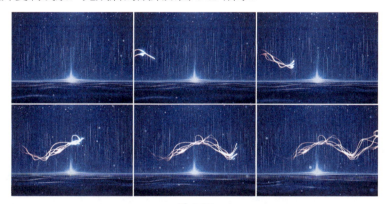

图 6-85

（1）按 Ctrl+O 组合键，打开"素材\Cha06\线条素材 01.aep"素材文件，在【时间轴】面板的空白处右击，在弹出的快捷菜单中选择【新建】|【纯色】命令，新建纯色图层。在弹出的对话框中将【名称】设置为"光线 1"，将【颜色】设置为黑色，单击【确定】按钮。在【工具】面板中单击【钢笔工具】，在【合成】面板中绘制一条路径，如图 6-86 所示。

 提示：

使用【选取工具】选择顶点并进行拖动，可以调整路径的形状，使用【工具】面板中的【转换"顶点"】工具可以更改顶点类型，也可以使用【添加"顶点"】工具和【删除"顶点"】工具在路径上添加或删除顶点。

149

（2）选中"光线1"图层，在菜单栏中选择【效果】|【生成】|【勾画】命令，为该图层添加【勾画】效果。将当前时间设置为0:00:00:00，将【勾画】下的【描边】设置为【蒙版/路径】，在【片段】选项组中将【片段】、【长度】、【旋转】分别设置为1、0、0，并单击【长度】和【旋转】左侧的【时间变化秒表】按钮 ，在【正在渲染】选项组中将【颜色】设置为白色，将【中心位置】设置为0.366，如图6-87所示。

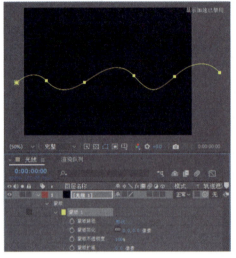
图6-86

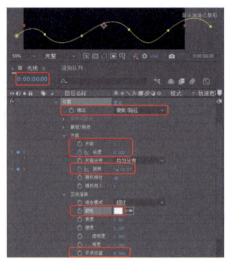
图6-87

（3）将当前时间设置为0:00:04:24，将【勾画】下的【长度】、【旋转】分别设置为1、-1x+0°，如图6-88所示。

（4）继续选中该图层，在菜单栏中选择【效果】|【风格化】|【发光】命令，为该图层添加【发光】效果。在【时间轴】面板中，将【发光】下的【发光阈值】、【发光半径】、【发光强度】分别设置为20%、5、2，将【发光颜色】设置为【A和B颜色】，将【颜色A】的颜色值设置为#FEBF00，将【颜色B】的颜色值设置为#F30000，如图6-89所示。

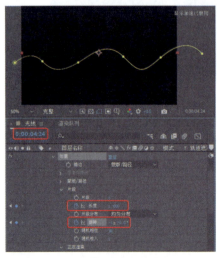
图6-88

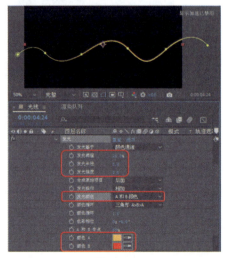
图6-89

（5）选中该图层，按 Ctrl+D 组合键复制图层，并将其命名为"光线 2"，将图层的【模式】设置为【相加】，如图 6-90 所示。

 提示：
【相加】：每个结果颜色通道值是源颜色和基础颜色的相应颜色通道值的和。

（6）继续选中该图层，将【勾画】下的【长度】设置为 0.05，并单击其左侧的【时间变化秒表】按钮，取消关键帧，将【片段分布】设置为【成簇分布】，将【正在渲染】选项组中的【宽度】、【硬度】、【中点位置】分别设置为 5.7、0.6、0.5，如图 6-91 所示。

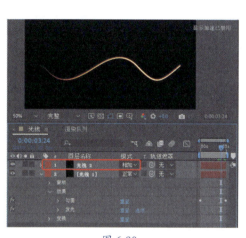

图 6-90

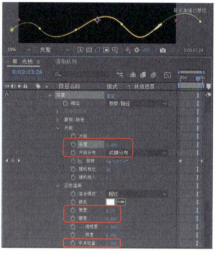

图 6-91

（7）将【发光】下的【发光半径】设置为 30，将【颜色 A】设置为 #0095FE，将【颜色 B】设置为 #015DA4，如图 6-92 所示。

（8）按 Ctrl+N 组合键，在弹出的对话框中将【合成名称】设置为"流光线条"，将【像素长宽比】设置为 D1/DV PAL（1.09），将【持续时间】设置为 0:00:05:00，如图 6-93 所示。

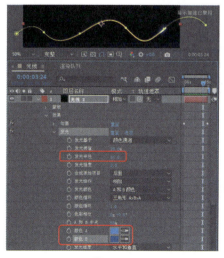

图 6-92

图 6-93

(9)在【项目】面板中将"光线素材02.mp4"素材文件拖曳至【时间轴】面板中,将【缩放】均设置为27%,如图6-94所示。

(10)在【项目】面板中选择"光线"合成文件,按住鼠标将其拖曳至【合成】面板中,在【时间轴】面板中将图层的【模式】设置为【相加】,将【变换】下的【位置】设置为360、242,如图6-95所示。

图6-94

图6-95

(11)在菜单栏中选择【效果】|【扭曲】|【湍流置换】命令,将【湍流置换】下的【数量】、【大小】分别设置为60、30,将【消除锯齿(最佳品质)】设置为【高】,如图6-96所示。

(12)对该图层进行复制,并调整其参数,效果如图6-97所示,对完成后的场景进行保存即可。

图6-96

图6-97

第 06 章 滤镜特效

案例精讲 084　制作照片切换效果

本案例将介绍如何制作照片切换效果。首先通过添加【卡片擦除】特效制作照片切换动画，然后为照片添加倒影并创建摄像机，完成后的效果如图 6-98 所示。

图 6-98

（1）按 Ctrl+O 组合键，打开"素材 \Cha06\ 照片素材 01.aep"素材文件，在【时间轴】面板的空白处右击鼠标，在弹出的快捷菜单中选择【新建】|【形状图层】命令，在【工具】面板中单击【圆角矩形工具】■，在【合成】面板中绘制一个圆角矩形，如图 6-99 所示。

（2）选中该图层，在菜单栏中选择【图层】|【图层样式】|【渐变叠加】命令，在【时间轴】面板中单击【渐变叠加】下的【编辑渐变】按钮，在弹出的【渐变编辑器】对话框中将左侧色标的颜色值设置为 #E5E5E5，将右侧色标的颜色值设置为 #505050，将【颜色中点】设置为 82.2%，如图 6-100 所示。

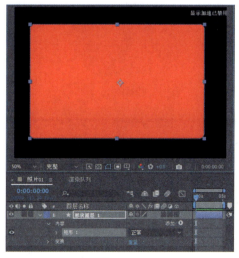

图 6-99

图 6-100

提示：

绘制圆角矩形后，在图层下的【矩形路径 1】选项组中，通过设置【圆度】参数可以更改圆角大小。

 知识链接：After Effects 2023 中的图层样式

Photoshop 提供了各种图层样式（如阴影、发光和斜面）来更改图层的外观。在导入 Photoshop 图层时，After Effects 2023 可以保留这些图层样式。也可以在 After Effects 2023 中应用图层样式并为其属性制作动画。

用户可以在 After Effects 2023 中复制并粘贴任何图层样式，包括导入 After Effects 2023 的 PSD 文件中的图层样式。

除了添加视觉元素的图层样式（如投影或颜色叠加）外，每个图层的【图层样式】属性组还包含【混合选项】属性组。可以通过设置【混合选项】来实现对混合操作的强大而灵活的控制。

虽然图层样式在 Photoshop 中称为效果，但它们的行为更像 After Effects 2023 中的混合模式。图层样式在标准渲染顺序中位于变换之后，而效果位于变换之前。此外，每个图层样式直接与合成中的基础图层混合，而效果在它所应用的图层上渲染，然后其结果作为一个整体与基础图层交互。

在导入包括图层的 Photoshop 文件作为合成时，可以保留可编辑图层样式或将图层样式合并到素材中。在仅导入一个包括图层样式的图层时，可以选择忽略图层样式或将图层样式合并到素材中。可以随时将合并的图层样式转换为基于 Photoshop 素材项目的每个 After Effects 2023 图层的可编辑图层样式。

（3）设置完成后，单击【确定】按钮，在时间轴中将【渐变叠加】下的【角度】设置为 −90°，如图 6-101 所示。

（4）在【项目】面板中选择"照片素材 02.jpg"素材文件，按住鼠标左键将其拖曳至【时间轴】面板中，在【工具】面板中单击【圆角矩形工具】按钮，在【合成】面板中绘制一个圆角矩形，如图 6-102 所示。

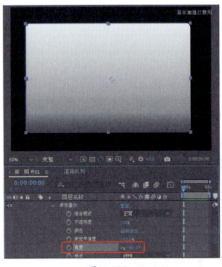

图 6-101

图 6-102

（5）在【项目】面板中选择"照片 01"合成文件，按 Ctrl+C 组合键进行复制，按 Ctrl+V 组合键进行粘贴。双击该合成，在【时间轴】面板中将"照片 02"合成中的"照片素材 02.jpg"素材文件删除，如图 6-103 所示。

（6）在【项目】面板中选择"照片素材 03.jpg"素材文件，按住鼠标左键将其拖曳至"照片 02"的时间轴中，并使用【圆角矩形工具】绘制一个圆角矩形，如图 6-104 所示。

图 6-103　　　　　　　　　　　　　　图 6-104

（7）按 Ctrl+N 组合键，在弹出的【合成设置】对话框中将【合成名称】设置为"照片切换"，将【宽度】、【高度】分别设置为 720px、576px，将【像素长宽比】设置为 D1/DV PAL（1.09），将【持续时间】设置为 0:00:05:00，如图 6-105 所示。

（8）设置完成后，单击【确定】按钮，在【项目】面板中将"照片素材 04.mp4"素材文件拖曳至【时间轴】面板中，如图 6-106 所示。

图 6-105　　　　　　　　　　　　　　图 6-106

（9）在【项目】面板中选择"照片 02"合成文件，按住鼠标左键将其拖曳至"照片切换"的时间轴中，并隐藏该图层，效果如图 6-107 所示。

（10）在【项目】面板中选择"照片 01"合成文件，按住鼠标左键将其拖曳至"照片切换"的时间轴中，将【变换】下的【缩放】均设置为 75%，如图 6-108 所示。

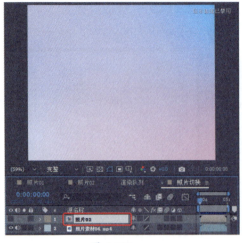

图 6-107　　　　　　　　　　　图 6-108

（11）继续选中该图层，在菜单栏中选择【效果】|【过渡】|【卡片擦除】命令，为该图层添加【卡片擦除】效果。在【效果控件】面板中，将【卡片擦除】下的【过渡宽度】设置为 100%，将【背面图层】设置为【2.照片 02】，将【行数】、【列数】都设置为 20，将【翻转轴】和【翻转方向】都设置为【随机】，将【渐变图层】设置为【无】，将【摄像机位置】选项组中的【X 轴旋转】、【Y 轴旋转】、【Z 轴旋转】分别设置为 -4°、-29°、0，将【X、Y 位置】设置为 492.5、340，将【焦距】设置为 50，如图 6-109 所示。

（12）将当前时间设置为 0:00:01:00，在【效果控件】面板的【位置抖动】选项组中单击【X 抖动量】、【Y 抖动量】、【Z 抖动量】左侧的【时间变化秒表】按钮，在【旋转抖动】选项组中单击【X 旋转抖动】、【Y 旋转抖动】、【Z 旋转抖动】左侧的【时间变化秒表】按钮，如图 6-110 所示。

图 6-109　　　　　　　　　　　图 6-110

> **知识链接**：【卡片擦除】效果部分参数的作用
>
> 此效果模拟一组卡片，这组卡片先显示一张图片，然后翻转以显示另一张图片。【卡片擦除】效果可控制卡片的行数和列数、翻转方向以及过渡方向（包括使用渐变来确定翻转顺序的功能）。还可以控制随机性和抖动以使效果看起来更逼真。通过改变行和列，还可以创建百叶窗和灯笼效果。

- 【过渡宽度】：主动从原始图像更改到新图像的区域的宽度。
- 【背面图层】：用于设置在卡片背面分段显示的图层。可以使用合成中的任何图层，甚至可以关闭其【视频】开关。如果图层有效果或蒙版，则先预合成此图层。
- 【行数和列数】：用于指定行数和列数的相互关系。【独立】可同时激活【行数】和【列数】滑块。【列数受行数控制】只激活【行数】滑块。如果选择此选项，则列数始终与行数相同。
- 【行数】：用于设置行的数量，最多为1000行。
- 【列数】：用于设置列的数量，最多为1000列，除非选择【列数受行数控制】选项。行和列始终均匀地分布在图层中，因此形状不规则的矩形拼贴不能沿图层边缘显示，除非使用Alpha通道。
- 【卡片缩放】：用于设置卡片的大小。值小于1会按比例缩小卡片，从而显示间隙中的底层图层。值大于1会按比例放大卡片，从而在卡片相互重叠时创建块状的马赛克效果。
- 【翻转轴】：用于设置每个卡片绕其翻转的轴。
- 【翻转方向】：用于设置卡片绕其轴翻转的方向。
- 【翻转顺序】：用于设置过渡发生的方向。还可以使用渐变来自定义翻转顺序：卡片首先翻转渐变为黑色的位置，最后翻转渐变为白色的位置。
- 【渐变图层】：设置要用于【翻转顺序】的渐变图层。可以使用合成中的任何图层。
- 【随机时间】：选择该选项，可使过渡的时间随机化。如果此控件设置为0，则卡片按顺序翻转。值越高，卡片翻转顺序的随机性就越大。
- 【摄像机系统】：用于设置使用效果的【摄像机位置】属性、效果的【边角定位】属性，还是默认的合成摄像机和光照位置来渲染卡片的3D图像。
- 【摄像机位置】选项组
  - 【X轴旋转】、【Y轴旋转】、【Z轴旋转】：选择这些选项，可围绕相应的轴旋转摄像机。使用这些控件可从上面、侧面、背面或其他任何角度查看卡片。
  - 【X、Y位置】：用于设置摄像机在X、Y空间中的位置。
  - 【Z位置】：用于设置摄像机在Z轴上的位置。较小的数值使摄像机更接近卡片，较大的数值使摄像机远离卡片。
  - 【焦距】：用于设置从摄像机到图像的距离。焦距越小，视角越大。
  - 【变换顺序】：用于设置摄像机围绕其三个轴旋转的顺序，以及摄像机是在使用其他【摄像机位置】控件定位之前还是之后旋转。
- 【边角定位】：边角定位是备用的摄像机控制系统。此控件可用作辅助控件，以便将效果的结果合成到相对于帧倾斜的平面上的场景中。
  - 【左上角】、【右上角】、【左下角】、【右下角】：附加图层每个角的位置。
  - 【自动焦距】：用于控制动画期间效果的透视。如果取消选择【自动焦距】，程序将使用指定的焦距查找摄像机位置和方向，以便在边角固定点放置图层的角（如果可能）。如果不能完成此操作，则此图层将替换为在固定点之间绘制的轮廓。如果选择【自动焦距】，将在可能的情况下使用匹配边角点所需的焦距。否则，程序将插入附近帧中正确的值。
  - 【焦距】：如果用户获得的结果不是所需结果，则覆盖其他设置。如果为【焦距】设置的值

> 不等于固定点实际在该配置中时焦距本该使用的值，则图像可能看起来异常（如被奇怪地修剪）。但是，如果用户知道试图匹配的焦距，则此控件是获得正确结果的最简单方法。
> - 【位置抖动】：用于指定 X、Y 和 Z 轴的抖动量和速度。【X 抖动量】、【Y 抖动量】和【Z 抖动量】指定额外运动的量。【X 抖动速度】、【Y 抖动速度】和【Z 抖动速度】指定每个【抖动量】选项的抖动速度。
> - 【旋转抖动】：用于指定围绕 X、Y 和 Z 轴的旋转抖动的量和速度。【X 旋转抖动量】、【Y 旋转抖动量】和【Z 旋转抖动量】指定沿某个轴旋转抖动的量。值 90°可使卡片在任意方向旋转最多 90°。【X 旋转抖动速度】、【Y 旋转抖动速度】和【Z 旋转抖动速度】指定旋转抖动的速度。

（13）将当前时间设置为 0:00:01:18，在【效果控件】面板中，将【位置抖动】选项组中的【X 抖动量】、【Y 抖动量】、【Z 抖动量】分别设置为 5、5、25，将【旋转抖动】选项组中的【X 旋转抖动】、【Y 旋转抖动】、【Z 旋转抖动】都设置为 360，如图 6-111 所示。

（14）将当前时间设置为 0:00:02:06，在【时间轴】面板中为【位置抖动】选项组中的【X 抖动量】、【Y 抖动量】、【Z 抖动量】以及【旋转抖动】选项组中的【X 旋转抖动量】、【Y 旋转抖动量】、【Z 旋转抖动量】都添加一个关键帧，如图 6-112 所示。

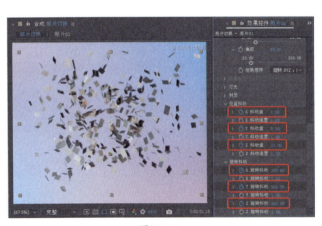

图 6-111

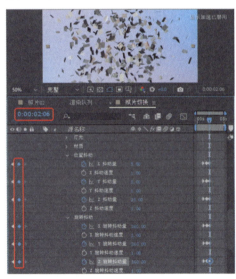

图 6-112

（15）将当前时间设置为 0:00:03:00，在【时间轴】面板中，将【位置抖动】选项组中的【X 抖动量】、【Y 抖动量】、【Z 抖动量】以及【旋转抖动】选项组中的【X 旋转抖动量】、【Y 旋转抖动量】、【Z 旋转抖动量】都设置为 0，如图 6-113 所示。

（16）将当前时间设置为 0:00:01:03，在【时间轴】面板中，将【卡片擦除】下的【过渡完成】设置为 0，并单击其左侧的【时间变换秒表】按钮，如图 6-114 所示。

图 6-113

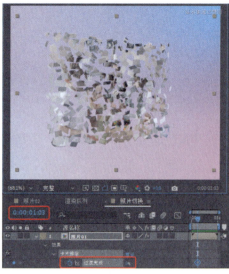

图 6-114

（17）将当前时间设置为 0:00:02:03，将【卡片擦除】下的【过渡完成】设置为 100%，如图 6-115 所示。

（18）继续选中该图层，按 Ctrl+D 组合键对其进行复制，将其命名为"倒影"，将【摄像机位置】选项组中的【X 轴旋转】、【Y 轴旋转】、【Z 轴旋转】分别设置为 −4°、0、−5°，将【X、Y 位置】设置为 507.5、326，将【Z 位置】设置为 2.25，如图 6-116 所示。

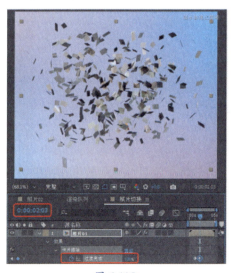

图 6-115

图 6-116

（19）选中"倒影"图层，打开该图层的三维模式，将【变换】下的【位置】设置为 360、608、0，将【方向】设置为 180°、0、0，如图 6-117 所示。

（20）继续选中该图层，在菜单栏中选择【效果】|【过渡】|【线性擦除】命令，为该图层添加【线性擦除】效果，在【时间轴】面板中将【线性擦除】下的【过渡完成】、【擦除角度】、【羽化】分别设置为 74%、184°、103，如图 6-118 所示。

图 6-117

图 6-118

（21）继续选中该图层，在菜单栏中选择【效果】|【模糊和锐化】|【复合模糊】命令，为该图层添加【复合模糊】效果，在【时间轴】面板中将【复合模糊】下的【最大模糊】设置为1，如图 6-119 所示。

（22）在【项目】面板中选择"照片素材 05.mp4"素材文件，按住鼠标左键将其拖曳至【时间轴】面板中，将【变换】下的【缩放】均设置为54%，将【模式】设置为【变亮】，如图 6-120 所示，拖动时间线即可预览效果。

图 6-119

图 6-120

Chapter 07 图像调色

本章导读：

在影视制作中，经常需要对图像颜色进行调整，以达到改善图像质量的目的，从而更好地控制影片的色彩，制作出更加理想的视频画面。本章将介绍对合成图像进行调色的方法与技巧。

案例精讲 085　替换衣服颜色

本案例将介绍如何替换衣服颜色，主要通过为图像添加【更改为颜色】效果来制作替换衣服颜色效果，完成后的效果如图 7-1 所示。

（1）打开"素材\cha07\替换素材 01.aep"素材文件，在【项目】面板中选择"替换素材 02.jpg"素材文件，按住鼠标左键将其拖曳至【时间轴】面板中，将【缩放】均设置为 40.5%，如图 7-2 所示。

（2）选中【时间轴】面板中的素材文件，在菜单栏中选择【效果】|【颜色校正】|【更改为颜色】命令，在【效果控件】面板中将【自】的颜色值设置为 #60002B，将【至】的颜色值设置为 # A443B2，将【更改】设置为【色相】，将【更改方式】设置为【设置为颜色】，将【色相】、【亮度】、【饱和度】、【柔和度】分别设置为 5%、50%、50%、50%，如图 7-3 所示。

图 7-1

图 7-2

图 7-3

案例精讲 086　制作黑白艺术照

本案例将介绍如何制作黑白艺术照，主要通过为照片添加【黑色和白色】效果来制作黑白艺术照效果，完成后的效果如图 7-4 所示。

（1）打开"素材\cha07\黑白素材 01.aep"素材文件，在【项目】面板中选择"黑白素材 02.jpg"素材文件，按住鼠标左键将其拖曳至【时间轴】面板中，将【缩放】均设置为 77%，如图 7-5 所示。

（2）在菜单栏中选择【效果】|【颜色校正】|【黑色和白色】命令，在【效果控件】面板中将【红色】、【黄色】、【绿色】、【青色】、【蓝色】、【洋红】分别设置为 54、55、40、62、206、233，如图 7-6 所示。

图 7-4

第 07 章 图像调色

图 7-5

图 7-6

案例精讲 087　制作炭笔效果

本案例将介绍如何制作炭笔效果，主要通过为照片设置混合模式并添加【阈值】效果来制作，完成后的效果如图 7-7 所示。

（1）打开"素材\cha07\炭笔素材 01.aep"素材文件，在【项目】面板中选择"炭笔素材 02.jpg"素材文件，按住鼠标左键将其拖曳至【时间轴】面板中。在菜单栏中选择【效果】|【颜色校正】|【亮度和对比度】命令，在【时间轴】面板中将【亮度】、【对比度】分别设置为 8、10，将【使用旧版（支持 HDR）】设置为【开】，如图 7-8 所示。

图 7-7

（2）在【项目】面板中选择"炭笔素材 03.png"素材文件，按住鼠标左键将其拖曳至【时间轴】面板中，将【模式】设置为【变暗】，将【位置】设置为 713、424，将【缩放】均设置为 74%，如图 7-9 所示。

图 7-8

图 7-9

163

(3)在菜单栏中选择【效果】|【风格化】|【阈值】命令,在【时间轴】面板中将【级别】设置为140,如图7-10所示。

(4)在【工具】面板中单击【直排文字工具】按钮,在【合成】面板中单击,输入文字。选中输入的文字,在【字符】面板中将【字体系列】设置为【经典行书简】,将【字体大小】设置为122像素,将【字符间距】设置为68,将【填充颜色】设置为#1F0000,并调整其位置,如图7-11所示。

图 7-10

图 7-11

案例精讲 088　制作图像混合效果

本案例将介绍如何制作图像混合效果,主要通过为图像添加【混合】、【曲线】效果,然后使两张图像融合在一起,完成后的效果如图7-12所示。

(1)打开"素材\cha07\混合素材01.aep"素材文件,在【项目】面板中选择"混合素材02.jpg"素材文件,按住鼠标左键将其拖曳至【时间轴】面板中,将【缩放】均设置为30%,如图7-13所示。

(2)在【项目】面板中选择"混合素材03.jpg"素材文件,按住鼠标左键将其拖曳至"混合素材02.jpg"图层的下方,将【缩放】均设置为35%,将"混合素材02.jpg"图层隐藏,如图7-14所示。

图 7-12

(3)在【时间轴】面板中选择"混合素材03.jpg"图层,在菜单栏中选择【效果】|【通道】|【混合】命令,将【与图层混合】设置为【1.混合素材02.jpg】,将【模式】设置为【交

叉淡化】,将【与原始图像混合】设置为53%,将【如果图层大小不同】设置为【伸缩以合适】,如图7-15所示。

（4）继续选中"混合素材03.jpg"图层,在菜单栏中选择【效果】|【颜色校正】|【曲线】命令,在【效果控件】面板中添加两个编辑点,并调整其位置,如图7-16所示。

图 7-13

图 7-14

图 7-15

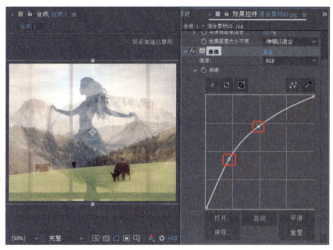

图 7-16

案例精讲 089 制作素描效果

本案例将介绍素描效果的制作方法。主要通过为图像添加【黑色和白色】、【查找边缘】、【亮度和对比度】效果来实现素描效果,完成后的效果如图7-17所示。

(1)打开"素材\cha07\素描素材01.aep"素材文件,在【项目】面板中选择"素描素材02.jpg"素材文件,将其拖曳至【时间轴】面板中,将【位置】设置为321.5、187,将【缩放】均设置为22%,如图7-18所示。

(2)在【时间轴】面板中选择"素描素材02.jpg"素材文件,在菜单栏中选择【效果】|【颜色校正】|【黑色和白色】命令,为素材文件添加【黑色和白色】效果,在【时间轴】面板中将【红色】、【黄色】、【绿色】、【青色】、【蓝色】、【洋红】分别设置为40、60、40、60、20、80,如图7-19所示。

图 7-17

图 7-18

图 7-19

(3)在菜单栏中选择【效果】|【风格化】|【查找边缘】命令,将【与原始图像混合】设置为50%,如图7-20所示。

(4)在菜单栏中选择【效果】|【颜色校正】|【亮度和对比度】命令,将【亮度】、【对比度】分别设置为46、20,将【使用旧版(支持HDR)】设置为【开】,如图7-21所示。

图 7-20

图 7-21

案例精讲 090　制作冷色调照片

本案例将介绍如何制作冷色调照片，主要通过为照片添加【颜色平衡】、【色相/饱和度】、【曲线】效果来实现冷色调照片效果，完成后的效果如图 7-22 所示。

（1）打开"素材\cha07\冷色调素材 01.aep"素材文件，在【项目】面板中选择"冷色调素材 02.jpg"素材文件，按住鼠标左键将其拖曳至【时间轴】面板中，将【缩放】均设置为 83%，如图 7-23 所示。

图 7-22

（2）在菜单栏中选择【效果】|【颜色校正】|【颜色平衡】命令，将【中间调红色平衡】、【中间调绿色平衡】、【中间调蓝色平衡】分别设置为 -86、-30、35，将【高光蓝色平衡】设置为 10，如图 7-24 所示。

图 7-23

图 7-24

（3）在菜单栏中选择【效果】|【颜色校正】|【色相/饱和度】命令，在【效果控件】面板中将【主饱和度】、【主亮度】分别设置为 15、11，如图 7-25 所示。

（4）在菜单栏中选择【效果】|【颜色校正】|【曲线】命令，在【效果控件】面板中添加一个编辑点，并调整其位置，如图 7-26 所示。

图 7-25

图 7-26

（5）在【效果控件】面板中将【曲线】的【通道】设置为【红色】，添加一个编辑点，并调整其位置，如图 7-27 所示。

（6）在【效果控件】面板中将【曲线】的【通道】设置为【蓝色】，添加一个编辑点，并调整其位置，如图 7-28 所示。

图 7-27　　　　　　　　　图 7-28

案例精讲 091　制作梦幻色调

本案例将介绍如何制作梦幻色调，主要通过为照片添加【曲线】、【可选颜色】效果来完成梦幻色调的制作，效果如图 7-29 所示。

（1）打开"素材\cha07\梦幻素材 01.aep"素材文件，在【项目】面板中选择"梦幻素材 02.jpg"素材文件，将其拖曳至【时间轴】面板中，将【缩放】均设置为 75%，如图 7-30 所示。

（2）在菜单栏中选择【效果】|【颜色校正】|【曲线】命令，在【效果控件】面板中添加一个编辑点，并调整其位置，如图 7-31 所示。

图 7-29

图 7-30　　　　　　　　　图 7-31

(3)在菜单栏中选择【效果】|【颜色校正】|【可选颜色】命令,在【效果控件】面板中将【颜色】设置为【无色】,将【黄色】设置为 -36%,如图 7-32 所示。

(4)再次为图像添加一个【曲线】效果,在【效果控件】面板中添加两个编辑点,并调整其位置,如图 7-33 所示。

图 7-32

图 7-33

(5)选中图像,在菜单栏中选择【效果】|【颜色校正】|【亮度和对比度】命令,如图 7-34 所示。

(6)在【时间轴】面板中将【亮度】、【对比度】分别设置为 20、10,如图 7-35 所示。

图 7-34

图 7-35

案例精讲 092 制作季节变换效果

本案例将介绍如何制作季节变换效果,主要通过为视频素材添加【色相/饱和度】、【自然饱和度】、【曲线】效果来实现季节变换效果,完成后的效果如图 7-36 所示。

(1)打开"素材\cha07\季节素材01.aep"素材文件,在【项目】面板中选择"季节素材02.mp4"素材文件,按住鼠标左键将其拖曳至【时间轴】面板中,如图7-37所示。

(2)选择【时间轴】面板中的"季节素材02.mp4"图层,在菜单栏中选择【效果】|【颜色校正】|【色相/饱和度】命令,为选中的图层添加【色相/饱和度】效果。在【效果控件】

图7-36

面板中将【通道控制】设置为【主】,将【主色相】、【主饱和度】分别设置为14°、24,如图7-38所示。

图7-37　　　　　　　　　　图7-38

(3)将【通道控制】设置为【黄色】,将【黄色色相】设置为-1x-42°,如图7-39所示。

(4)将【通道控制】设置为【绿色】,将【绿色色相】设置为266°,如图7-40所示。

图7-39　　　　　　　　　　图7-40

(5)在菜单栏中选择【效果】|【颜色校正】|【自然饱和度】命令,在【效果控件】面板中将【自然饱和度】、【饱和度】分别设置为15、5,如图7-41所示。

（6）在菜单栏中选择【效果】|【颜色校正】|【曲线】命令，在【效果控件】面板中将【通道】设置为 RGB，添加一个编辑点，并调整其位置，将【通道】设置为【红色】，添加一个编辑点，并调整其位置，如图 7-42 所示。

图 7-41

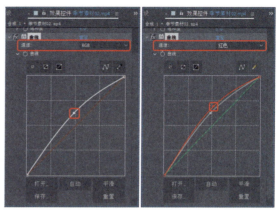

图 7-42

（7）在【项目】面板中选择"季节素材 03.mov"素材文件，按住鼠标左键将其拖曳至【时间轴】面板中，将【持续时间】设置为 0:00:16:34，如图 7-43 所示。

（8）在【时间轴】面板中将【位置】设置为 541、540，将【缩放】均设置为 327%，如图 7-44 所示。

图 7-43

图 7-44

案例精讲 093　制作电影色调

本案例主要通过为视频添加【曲线】、【色相/饱和度】、【颜色平衡】等效果来制作电影色调，完成后的效果如图 7-45 所示。

(1) 打开 "素材\cha07\电影素材01.aep" 素材文件，在【项目】面板中选择 "电影素材02.mp4" 素材文件，按住鼠标左键将其拖曳至【时间轴】面板中，将【持续时间】设置为0:00:05:27，将【缩放】均设置为85%，如图7-46所示。

图7-45

(2) 在【时间轴】面板中选择 "电影素材02.mp4" 图层，在菜单栏中选择【效果】|【颜色校正】|【曲线】命令，为选中的图层添加【曲线】效果。在【效果控件】面板中添加两个编辑点，并调整其位置，如图7-47所示。

图7-46

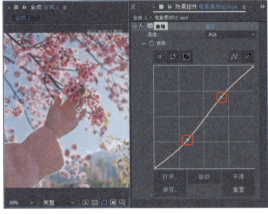

图7-47

(3) 为选中的图层添加【色相/饱和度】效果，在【效果控件】面板中将【主饱和度】设置为-30，如图7-48所示。

(4) 为选中的图层添加【颜色平衡】效果，在【时间轴】面板中将【阴影红色平衡】、【阴影绿色平衡】、【阴影蓝色平衡】、【中间调红色平衡】、【中间调绿色平衡】、【中间调蓝色平衡】、【高光红色平衡】、【高光绿色平衡】、【高光蓝色平衡】分别设置为80、0、11、30、0、0、20、6、-50，如图7-49所示。

图7-48

图7-49

(5) 为选中的图层添加【智能模糊】效果，在【时间轴】面板中将【半径】、【阈值】分别设置为1、25，如图7-50所示。

(6) 为选中的图层添加【锐化】效果，在【时间轴】面板中将【锐化量】设置为80，如图7-51所示。

图 7-50　　　　　　　　　　　　　　图 7-51

(7) 在菜单栏中选择【效果】|【生成】|【四色渐变】命令，在【时间轴】面板中将【颜色1】设置为#000E57，将【颜色2】设置为#2A2A2A，将【颜色3】设置为#510051，将【点4】设置为1692、878，将【颜色4】设置为#000062，将【混合模式】设置为【滤色】，如图7-52所示。

(8) 为选中的图层添加【曲线】效果，在【效果控件】面板中添加两个编辑点，并调整其位置，如图7-53所示。

图 7-52　　　　　　　　　　　　　　图 7-53

案例精讲 094　制作 LOMO 色调

LOMO 色调是一种带有暗角的非主流风格，一直以来因其独特的韵味深受人们的喜爱。本案例将介绍如何制作 LOMO 色调效果，完成后的效果如图 7-54 所示。

（1）打开"素材\cha07\LOMO 素材 01.aep"素材文件，在【项目】面板中选择"LOMO 素材 02.jpg"素材文件，按住鼠标左键将其拖曳至【时间轴】面板中，将【缩放】均设置为 78.5%，如图 7-55 所示。

图 7-54

（2）在【时间轴】面板中选择"LOMO 素材 02.jpg"图层，在菜单栏中选择【效果】|【颜色校正】|【色调】命令，为该图层添加【色调】效果。在【时间轴】面板中，将【将白色映射到】设置为 #000000，将【着色数量】设置为 15%，如图 7-56 所示。

图 7-55

图 7-56

（3）在菜单栏中选择【效果】|【颜色校正】|【照片滤镜】命令，在【时间轴】面板中将【滤镜】设置为【自定义】，将【颜色】设置为 #C2FFF4，如图 7-57 所示。

（4）在菜单栏中选择【效果】|【颜色校正】|【曲线】命令，在【效果控件】面板中将【通道】设置为 RGB，添加两个编辑点，并调整其位置，如图 7-58 所示。

（5）将【通道】设置为【红色】，添加两个编辑点，并调整其位置，如图 7-59 所示。

（6）将【通道】设置为【绿色】，添加两个编辑点，并调整其位置，如图 7-60 所示。

（7）将【通道】设置为【蓝色】，添加两个编辑点，并调整其位置，如图 7-61 所示。

（8）在菜单栏中选择【效果】|【颜色校正】|【曝光度】命令，在【效果控件】面板中将【偏移】设置为 0.05，如图 7-62 所示。

图 7-57

图 7-58

图 7-59

图 7-60

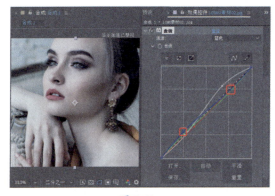
图 7-61

图 7-62

（9）在菜单栏中选择【效果】|【颜色校正】|【自然饱和度】命令，在【时间轴】面板中将【自然饱和度】、【饱和度】分别设置为 -29.5、6.6，如图 7-63 所示。

（10）在菜单栏中选择【效果】|【颜色校正】|【亮度和对比度】命令，在【时间轴】面板中将【亮度】、【对比度】分别设置为 5、10，将【使用旧版（支持 HDR）】设置为【开】，如图 7-64 所示。

图 7-63

图 7-64

案例精讲 095　制作唯美清新色调

本案例主要通过为照片添加多种颜色校正效果，来制作出唯美清新色调效果，完成后的效果如图 7-65 所示。

（1）打开"素材\cha07\唯美清新色调素材.aep"素材文件，在【项目】面板中选择"唯美素材02.jpg"素材文件，将其拖曳至【时间轴】面板中，将【缩放】均设置为 65%，如图 7-66 所示。

（2）在菜单栏中选择【效果】|【颜色校正】|【色阶】命令，在【效果控件】面板中将【通道】设置为 RGB，将【输入黑色】、【灰度系数】、【输出黑色】分别设置为 31、1.3、30，如图 7-67 所示。

图 7-65

图 7-66

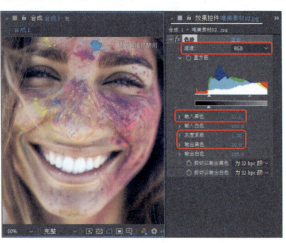
图 7-67

(3)将【通道】设置为【蓝色】,将【蓝色输出黑色】、【蓝色输出白色】分别设置为60、233,如图 7-68 所示。

(4)为"唯美素材 02.jpg"图层添加【曲线】效果,在【效果控件】面板中为【红色】、【绿色】、【蓝色】通道添加编辑点,并调整其位置,如图 7-69 所示。

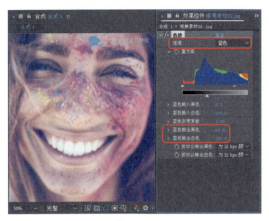
图 7-68

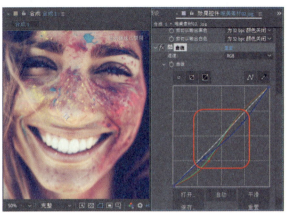
图 7-69

(5)为选中的图层添加【色阶】效果,在【效果控件】面板中将【通道】设置为RGB,将【灰度系数】、【输出黑色】分别设置为 0.75、34,如图 7-70 所示。

(6)为选中的图层添加【照片滤镜】效果,在【效果控件】面板中将【滤镜】设置为【暖色滤镜(81)】,如图 7-71 所示。

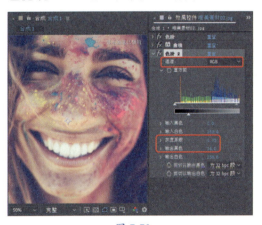
图 7-70

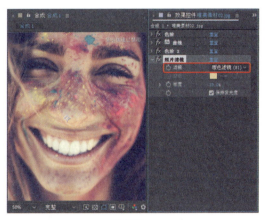
图 7-71

(7)为选中的图层添加【色调】效果,在【时间轴】面板中将【着色数量】设置为30%,如图 7-72 所示。

(8)为选中的图层添加【颜色平衡】效果,在【时间轴】面板中将【阴影绿色平衡】、【阴影蓝色平衡】、【中间调红色平衡】、【中间调绿色平衡】、【中间调蓝色平衡】、【高光红色平衡】、【高光绿色平衡】、【高光蓝色平衡】分别设置为 7、24、2、23、-3、3、6、14,如图 7-73 所示。

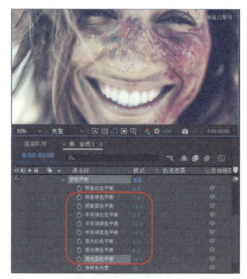

图 7-72　　　　　　　　　图 7-73

（9）在菜单栏中选择【效果】|【风格化】|【发光】命令，在【时间轴】面板中将【发光阈值】、【发光半径】、【发光强度】分别设置为98%、238、0.2，将【发光颜色】设置为【A 和 B 颜色】，将【颜色 B】设置为 #FF9C00，如图 7-74 所示。

（10）在菜单栏中选择【效果】|【过时】|【高斯模糊（旧版）】命令，在【时间轴】面板中将【模糊度】设置为 2，如图 7-75 所示。

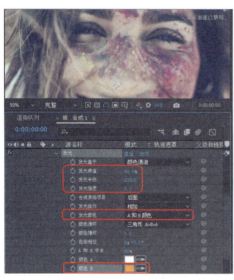

图 7-74　　　　　　　　　图 7-75

（11）在菜单栏中选择【效果】|【模糊和锐化】|【锐化】命令，在【时间轴】面板中将【锐化量】设置为 70，如图 7-76 所示。

（12）为选中的图层添加【颜色平衡2】效果，在【时间轴】面板中将【阴影红色平衡】、【阴影绿色平衡】、【阴影蓝色平衡】、【中间调红色平衡】、【中间调绿色平衡】、【中间调蓝色平衡】、【高光红色平衡】、【高光绿色平衡】、【高光蓝色平衡】分别设置为 49、0、38、44、9、-8、5、-20、2，如图 7-77 所示。

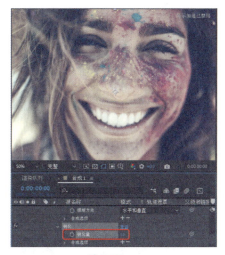

图 7-76

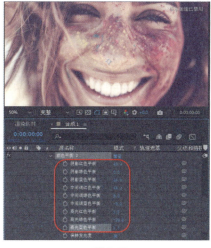

图 7-77

案例精讲 096　制作怀旧照片

本案例主要通过为照片添加【三色调】、【照片滤镜】、【投影】等效果以及运动关键帧来制作怀旧照片，效果如图 7-78 所示。

图 7-78

（1）打开"素材\cha07\怀旧素材 01.aep"素材文件，在【项目】面板中选择"怀旧素材 02.mp4"素材文件，按住鼠标左键将其拖曳至【时间轴】面板中，将【持续时间】设置为 0:00:13:00，如图 7-79 所示。

（2）选中"怀旧素材 02.mp4"图层，在菜单栏中选择【效果】|【颜色校正】|【三色调】命令，为选中的图层添加【三色调】效果。在【时间轴】面板中，将【中间调】设置为 #996800，将【与原始图像混合】设置为 20%，如图 7-80 所示。

（3）将当前时间设置为 0:00:05:15，单击【缩放】、【不透明度】左侧的【时间变化秒表】按钮，如图 7-81 所示。

（4）将当前时间设置为 0:00:06:10，将【缩放】均设置为 232%，将【不透明度】设置为 0，如图 7-82 所示。

图 7-79

图 7-80

图 7-81

图 7-82

（5）在【项目】面板中选择"怀旧素材 03.jpg"素材文件，按住鼠标左键将其拖曳至【时间轴】面板中。将当前时间设置为 0:00:05:10，将【缩放】均设置为 302%，单击其左侧的【时间变化秒表】按钮；将【不透明度】设置为 0，单击其左侧的【时间变化秒表】按钮，如图 7-83 所示。

（6）将当前时间设置为 0:00:06:10，将【缩放】均设置为 100%，将【不透明度】设置为 100%，如图 7-84 所示。

（7）在【项目】面板中将"怀旧素材 04.mp4"素材文件拖曳至【时间轴】面板中，将【模式】设置为【柔光】，将入点时间设置为 0:00:06:10，如图 7-85 所示。

（8）在【项目】面板中将"怀旧素材 05.png"素材文件拖曳至【时间轴】面板中，为其添加【照片滤镜】效果，在【时间轴】面板中将【滤镜】设置为【暖色滤镜（81）】，如图 7-86 所示。

图 7-83

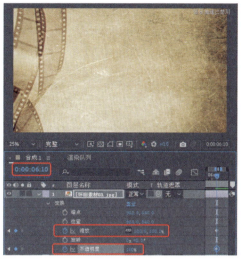
图 7-84

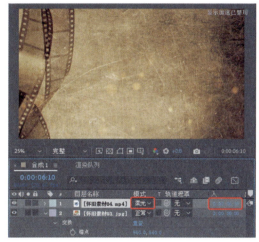
图 7-85

图 7-86

（9）为选中的"怀旧素材 05.png"图层添加【三色调】效果，在【时间轴】面板中将【中间调】设置为 #B39350，如图 7-87 所示。

（10）在菜单栏中选择【效果】|【透视】|【投影】命令，在【时间轴】面板中将【不透明度】、【方向】、【距离】、【柔和度】分别设置为 50%、135°、15、20，如图 7-88 所示。

（11）在菜单栏中选择【效果】|【杂色和颗粒】|【添加颗粒】命令，在【时间轴】面板中将【中心】设置为 508、353，将【宽度】、【高度】分别设置为 607、390，将【显示方块】设置为【关】，将【大小】设置 0.1，如图 7-89 所示。

（12）将当前时间设置为 0:00:06:10，打开"怀旧素材 05.png"图层的 3D 模式，单击【位置】左侧的【时间变化秒表】按钮，将【位置】设置为 427、280、-2009，将【Z 轴旋转】设置为 15°，如图 7-90 所示。

图 7-87

图 7-89

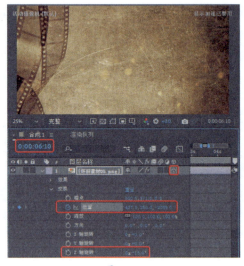

图 7-90

（13）将当前时间设置为 0:00:07:15，将【位置】设置为 737、449、-764，如图 7-91 所示。

（14）将【项目】面板中的"怀旧素材 06.png"素材文件拖曳至【时间轴】面板中，在【时间轴】面板中选择"怀旧素材 05.png"图层下的【效果】选项组，按 Ctrl+C 组合键进行复制，选择"怀旧素材 06.png"图层，按 Ctrl+V 组合键进行粘贴，如图 7-92 所示。

（15）打开"怀旧素材 06.png"图层的 3D 模式，将当前时间设置为 0:00:07:10，单击【位置】左侧的【时间变化秒表】按钮，将【位置】设置为 1871、381、-1147，单击【方向】左侧的【时间变化秒表】按钮，将【方向】设置为 336°、357°、0，将【Z 轴旋转】设置为 -6°，如图 7-93 所示。

（16）将当前时间设置为 0:00:08:15，将【位置】设置为 1212.5、579、-914，将【方向】设置为 0、0、350°，如图 7-94 所示。

图 7-91　　　　　　　　　　　　图 7-92

图 7-93　　　　　　　　　　　　图 7-94

（17）将【项目】面板中的"怀旧素材 07.png"素材文件拖曳至【时间轴】面板中，在【时间轴】面板中选择"怀旧素材 06.png"图层下的【效果】选项组，按 Ctrl+C 组合键进行复制，选择"怀旧素材 07.png"图层，按 Ctrl+V 组合键进行粘贴，并打开"怀旧素材 07.png"素材文件的 3D 模式，如图 7-95 所示。

（18）将当前时间设置为 0:00:08:10，在【时间轴】面板中单击【位置】左侧的【时间变化秒表】按钮，将【位置】设置为 1130、22、-1147，单击【方向】左侧的【时间变化秒表】按钮，将【方向】设置为 336、357、0，将【Z 轴旋转】设置为 -6°，如图 7-96 所示。

图 7-95

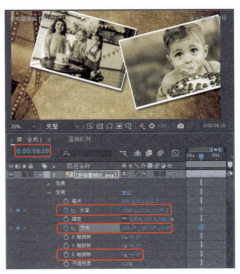
图 7-96

（19）将当前时间设置为 0:00:09:15，将【位置】设置为 889、662、-933，将【方向】设置为 0、0、15°，如图 7-97 所示。

（20）将【项目】面板中的"怀旧素材 08.mp3"素材文件拖曳至【时间轴】面板中，如图 7-98 所示。

图 7-97

图 7-98

Chapter 08 抠取图像

本章导读：

视频中的许多精美画面都是后期合成的效果。抠像是后期合成的主要技术方法，它是指利用一定的特效对素材进行整合的一种手段。在 After Effects 2023 中专门提供了抠像工具和特效，本章将对其进行简单介绍。

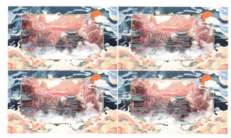

案例精讲 097　制作谢幕效果

本案例为素材添加 Keylight（1.2）效果，然后进行素材抠像，谢幕效果如图 8-1 所示。

图 8-1

（1）按 Ctrl+O 组合键，打开"素材 \Cha08\ 谢幕素材 01.aep"素材文件，在【项目】面板中选择"谢幕素材 02.mp4"文件，将其拖至【时间轴】面板中，将【缩放】均设置为 45%，如图 8-2 所示。

（2）在【项目】面板中选择"谢幕素材 03.mp4"素材文件，按住鼠标左键将其拖曳至【时间轴】面板中，将【缩放】均设置为 44.5%，如图 8-3 所示。

图 8-2

图 8-3

（3）在【效果和预设】面板中搜索 Keylight（1.2）效果，为"谢幕素材 03.mp4"添加该效果，在【时间轴】面板中单击 Screen Colour 右侧的吸管按钮 ，拾取幕布绿色部分，抠取图像，如图 8-4 所示。

（4）在【时间轴】面板中将"谢幕素材 03.mp4"的入点时间设置为 0:00:07:13，如图 8-5 所示。

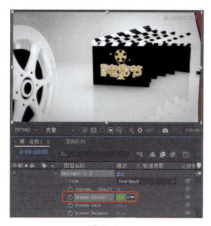
图 8-4

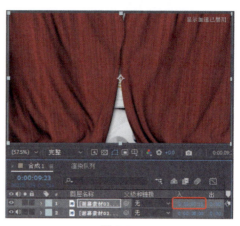
图 8-5

案例精讲 098 制作战斗机飞过效果

本案例将介绍如何制作战斗机飞过效果。首先添加素材图片，然后在直升机图层上添加 Keylight（1.2）效果，最后通过设置吸取的颜色抠取直升机图像，完成后的效果如图 8-6 所示。

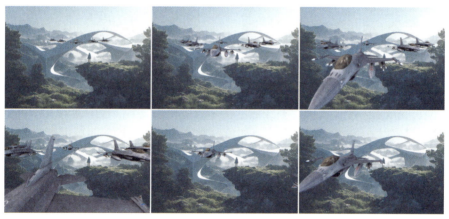
图 8-6

（1）按 Ctrl+O 组合键，打开"素材 \Cha08\ 战斗机素材 01.aep"素材文件，在【项目】面板中选择"战斗机素材 02.jpg"文件，将其拖至【时间轴】面板中，将【缩放】均设置为 58.5%，如图 8-7 所示。

（2）在【项目】面板中选择"战斗机素材 03.mp4"素材文件，按住鼠标左键将其拖至【时间轴】面板中，将【位置】设置为 412、314，将【缩放】均设置为 71%，如图 8-8 所示。

（3）在【时间轴】面板中选择"战斗机素材 03.mp4"图层并右击，在弹出的快捷菜单中选择【时间】|【时间伸缩】命令，如图 8-9 所示。

（4）在弹出的【时间伸缩】对话框中将【拉伸因数】设置为 50%，如图 8-10 所示。

图 8-7

图 8-8

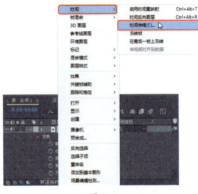
图 8-9

图 8-10

（5）设置完成后，单击【确定】按钮。在【效果和预设】面板中搜索 Keylight（1.2）效果，为"战斗机素材 03.mp4"素材文件添加该效果，在【时间轴】面板中单击 Screen Colour 右侧的吸管按钮，拾取绿色部分，抠取图像，如图 8-11 所示。

（6）继续选中该素材文件，在【效果和预设】面板中搜索【亮度和对比度】效果，双击该效果，为"战斗机素材 03.mp4"素材文件添加该效果，在【时间轴】面板中将【亮度】、【对比度】分别设置为 23、47，如图 8-12 所示。

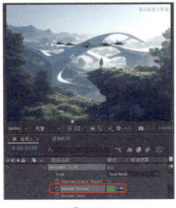
图 8-11

图 8-12

第 08 章 抠取图像

案例精讲 099 制作镜头拍摄效果

本案例将介绍如何制作镜头拍摄效果。首先添加素材，然后在图层上添加【颜色键】效果，最后通过设置吸取的颜色抠取图像，完成后的效果如图 8-13 所示。

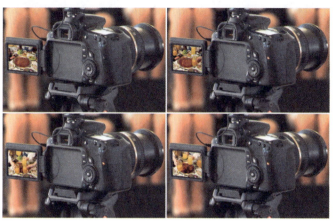

图 8-13

（1）按 Ctrl+O 组合键，打开"素材\Cha08\拍摄素材 01.aep"素材文件，在【项目】面板中选择"拍摄素材 02.mp4"素材文件，将其拖至【时间轴】面板中，将【缩放】均设置为 59.5%，如图 8-14 所示。

（2）在菜单栏中选择【效果】|【过时】|【颜色键】命令，如图 8-15 所示。

图 8-14

图 8-15

（3）在【时间轴】面板中单击【主色】右侧的吸管按钮，拾取图像中的绿色部分，将【颜色容差】、【羽化边缘】分别设置为 143、2，如图 8-16 所示。

（4）在【项目】面板中选择"拍摄素材 03.mp4"素材文件，按住鼠标左键将其拖曳至【时间轴】面板"拍摄素材 02.mp4"图层的下方，打开"拍摄素材 03.mp4"图层的 3D 图层模式，将【位置】设置为 135、311、0，将【缩放】均设置为 15%，将【方向】设置为 4°、21°、0，将【Z 轴旋转】设置为 4°，如图 8-17 所示。

189

图 8-16

图 8-17

案例精讲 100　制作飞舞的蝙蝠

本案例将介绍如何制作飞舞的蝙蝠。首先添加视频背景素材，在蝙蝠视频层上使用【颜色键】效果，通过设置【颜色键】效果参数，将蝙蝠与背景视频合成在一起。完成后的效果如图 8-18 所示。

图 8-18

（1）按 Ctrl+O 组合键，打开"素材 \Cha08\ 蝙蝠素材 01.aep"素材文件，在【项目】面板中选择"蝙蝠素材 02.mp4"素材文件，将其拖到【时间轴】面板中，为其添加【亮度和对比度】效果。在【时间轴】面板中将【亮度】、【对比度】分别设置为 43、30，如图 8-19 所示。

（2）将【项目】面板中的"蝙蝠素材 03.avi"素材添加到【时间轴】面板的顶部，将其【缩放】均设置为 245%，如图 8-20 所示。

（3）在【时间轴】面板中选择"蝙蝠素材 03.avi"图层，右击，在弹出的快捷菜单中选择【变换】|【水平翻转】命令，如图 8-21 所示。

（4）在【时间轴】面板中选择"蝙蝠素材03.avi"图层，在菜单栏中选择【效果】|【过时】|【颜色键】命令，为其添加【颜色键】效果，单击【主色】右侧的吸管按钮，吸取视频中的白色部分，将【颜色容差】、【薄化边缘】分别设置为255、2，如图8-22所示。

图 8-19　　　　　　　　　　　图 8-20

图 8-21　　　　　　　　　　　图 8-22

案例精讲 101　制作飞机射击短片（视频案例）

本案例将介绍如何制作飞机射击短片。首先添加素材视频，然后在图层上添加 Keylight（1.2）效果，最后通过设置吸取的颜色抠取图像，完成后的效果如图 8-23 所示。

图 8-23

案例精讲 102　古风风景欣赏

本案例将介绍如何制作古风风景。最终效果如图 8-24 所示。

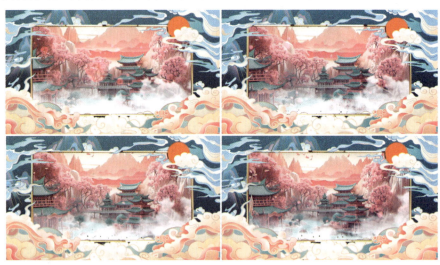

图 8-24

（1）按 Ctrl+O 组合键，打开"素材 \Cha08\ 古风素材 01.aep"素材文件，在【项目】面板中选择"古风素材 02.mp4"素材文件，将其拖曳到【时间轴】面板中，将【缩放】均设置为 59.5%，如图 8-25 所示。

（2）选中"古风素材 02.mp4"图层，在菜单栏中选择【效果】|【过时】|【亮度键】命令，为其添加【亮度键】效果。在【时间轴】面板中将【键控类型】设置为【抠出较暗区域】，将【阈值】、【容差】、【薄化边缘】、【羽化边缘】分别设置为 13、153、1、0，如图 8-26 所示。

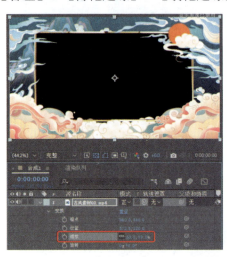

图 8-25

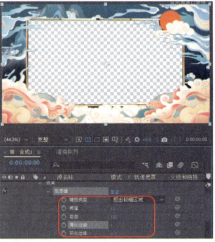

图 8-26

（3）在【项目】面板中选择"古风素材 03.mp4"素材文件，将其拖至【时间轴】面板的"古风素材 02.mp4"图层的下方，将【缩放】设置为 45%，如图 8-27 所示。

（4）拖动时间线在【合成】面板中查看效果，如图 8-28 所示。

图 8-27

图 8-28

案例精讲 103　制作草地上的鸽子

本案例将介绍如何制作草地上的鸽子。首先添加素材，然后为视频图层添加【线性颜色键】效果，并通过设置【线性颜色键】效果参数将鸽子与草地合成在一起。完成后的效果如图 8-29 所示。

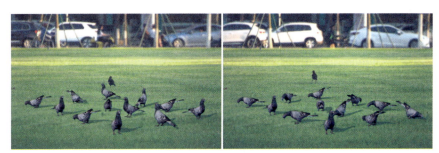
图 8-29

（1）按 Ctrl+O 组合键，打开"素材\Cha08\鸽子素材 01.aep"素材文件，在【项目】面板中选择"鸽子素材 02.mp4"素材文件，将其拖至【时间轴】面板中，将【缩放】均设置为 30%，如图 8-30 所示。

（2）在【项目】面板中选择"鸽子素材 03.mp4"素材文件，按住鼠标左键将其拖曳至【时间轴】面板中，将【位置】设置为 520、410，将【缩放】均设置为 55%，如图 8-31 所示。

（3）选中【时间轴】面板中的"鸽子素材 03.mp4"图层，在菜单栏中选择【效果】|【抠像】|【线性颜色键】命令，如图 8-32 所示。

（4）在【时间轴】面板中单击【主色】右侧的【吸管】按钮，吸取视频中的绿色，将【匹配颜色】设置为【使用色度】，如图 8-33 所示。

图 8-30

图 8-32

图 8-33

案例精讲 104　制作飞机坠毁短片（视频案例）

　　本案例将介绍如何制作飞机坠毁短片。首先添加素材图层，然后为视频图层添加 Keylight（1.2）效果，通过设置吸取的颜色抠取图像，最后设置背景图层的【位置】关键帧动画，模拟镜头摆动。完成后的效果如图 8-34 所示。

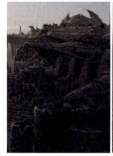

图 8-34

Chapter 09 音频特效

本章导读：

　　一个完整的视频不仅要有精美、绚丽的画面，还要有与画面相匹配的音乐。在 After Effects 2023 中提供了音频的输入与输出方式，以及音频特效。本章将介绍在 After Effects 2023 中设置音频的相关内容，使读者能够为制作好的视频添加合适的音频，达到锦上添花的效果。

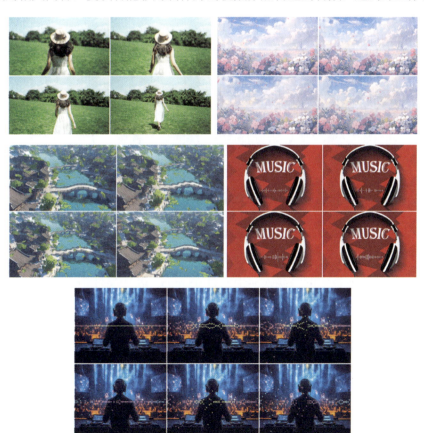

案例精讲 105　制作音乐的淡入淡出效果

本案例将介绍音乐淡入淡出效果的制作技巧，其制作方法非常简单，只需设置【音频电平】关键帧即可，完成后的效果如图 9-1 所示。

图 9-1

（1）按 Ctrl+O 组合键，打开"素材 \Cha09\ 淡入淡出素材 01.aep"素材文件，在【项目】面板中选择"淡入淡出素材 02.mp4"素材文件，将其拖至【时间轴】面板中，将【缩放】均设置为 17%，如图 9-2 所示。

（2）在【时间轴】面板中选择"淡入淡出素材 02.mp4"图层，为其添加【亮度和对比度】效果，将【亮度】、【对比度】分别设置为 47、40，如图 9-3 所示。

图 9-2

图 9-3

（3）将【项目】面板中的"淡入淡出素材 03.mp3"音频文件拖曳至【时间轴】面板中图层的最下方，确认当前时间为 0:00:00:00，将【音频电平】设置为 -30 dB，并单击其左侧的【时间变化秒表】按钮 ，如图 9-4 所示。

（4）将当前时间设置为 0:00:01:12，将【音频电平】设置为 0 dB，如图 9-5 所示。

（5）将当前时间设置为 0:00:13:12，单击【在当前时间添加或移除关键帧】按钮 ，如图 9-6 所示。

（6）将当前时间设置为 0:00:14:24，将【音频电平】设置为 -30 dB，如图 9-7 所示。

音频特效 第 09 章

图 9-4

图 9-5

图 9-6

图 9-7

案例精讲 106　制作倒放效果（视频案例）

本案例将介绍视频和音频倒放效果的制作方法。视频倒放效果是通过【时间反向图层】命令来实现的，音频倒放效果是通过添加【倒放】效果来实现的，完成后的效果如图 9-8 所示。

图 9-8

197

案例精讲 107　制作部分损坏效果（视频案例）

本案例将介绍部分损坏效果的制作方法。通过为视频添加【波形变形】效果来表现视频损坏效果，通过设置【控制器】参数来实现音频损坏效果，完成后的效果如图 9-9 所示。

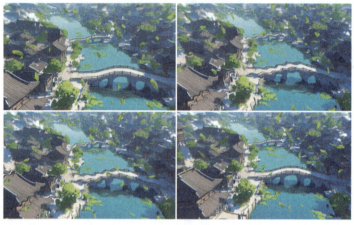

图 9-9

案例精讲 108　制作跳动的圆点

本案例将介绍如何制作跳动的圆点。首先制作背景效果，然后通过为纯色图层添加【音频频谱】特效实现圆点的跳动，完成后的效果如图 9-10 所示。

图 9-10

（1）按 Ctrl+O 组合键，打开"素材\Cha09\圆点素材 01.aep"素材文件，在【项目】面板中选择"圆点素材 02.jpg"素材文件，将其拖至【时间轴】面板中，将【缩放】均设置为 51%，如图 9-11 所示。

（2）在【项目】面板中选择"圆点素材 03.mp3"素材文件，按住鼠标左键将其拖曳至【时间轴】面板中，如图 9-12 所示。

音频特效 第 09 章

图 9-11

图 9-12

（3）在【时间轴】面板中选择"圆点素材 02.jpg"图层，在空白处右击鼠标，在弹出的快捷菜单中选择【新建】|【纯色】命令，弹出【纯色设置】对话框，设置【名称】为"圆点"，单击【确定】按钮，如图 9-13 所示。

（4）选择"圆点"图层，在菜单栏中选择【效果】|【生成】|【音频频谱】命令，即可为"圆点"图层添加该效果，在【效果控件】面板中将【音频层】设置为【3.圆点素材 03.mp3】，将【起始点】设置为 0、288，将【结束点】设置为 720、288，将【最大高度】设置为 10 000，将【厚度】设置为 6，将【内部颜色】设置为 #FF00FF，将【外部颜色】设置为 #FF3296，将【色相差值】设置为 150°，将【显示选项】设置为【模拟频点】，如图 9-14 所示。

图 9-13

图 9-14

知识链接：【音频频谱】效果各参数的作用

将【音频频谱】效果应用到视频图层，可以显示包含音频（和可选视频）的图层的音频频谱。此效果可显示使用【起始频率】和【结束频率】定义的范围中各频率的音频电平大小。此效果可以多种不同方式显示音频频谱，包括沿蒙版路径显示。

● 【音频层】：用于设置要用作输入的音频图层。

199

- 【起始点】、【结束点】：用于指定【路径】设置为【无】时，频谱开始或结束的位置。
- 【路径】：沿此蒙版路径显示音频频谱的蒙版路径。
- 【使用极坐标路径】：路径从单点开始，并显示为径向图。
- 【起始频率】、【结束频率】：要显示的最低和最高频率，以赫兹为单位。
- 【频段】：显示的频率分成的频段的数量。
- 【最大高度】：显示的频率的最大高度，以像素为单位。
- 【音频持续时间（毫秒）】：用于计算频谱的音频的持续时间，以毫秒为单位。
- 【音频偏移（毫秒）】：用于检索音频的时间偏移量，以毫秒为单位。
- 【厚度】：用于设置频段的粗细。
- 【柔和度】：用于设置频段的羽化或模糊程度。
- 【内部颜色】、【外部颜色】：用于设置频段的内部颜色和外部颜色。
- 【混合叠加颜色】：用于指定混合叠加频谱。
- 【色相插值】：如果值大于 0，则显示的频率在整个色相颜色空间中旋转。
- 【动态色相】：如果选择此选项，并且【色相插值】大于 0，则起始颜色在显示的频率范围内转移到最大频率。当此设置改变时，允许色相遵循显示的频谱的基频。
- 【颜色对称】：如果选择此选项，并且【色相插值】大于 0，则起始颜色和结束颜色相同。此设置使闭合路径上的颜色紧密接合。
- 【显示选项】：用于指定是以【数字】、【模拟谱线】还是【模拟频点】形式显示频率。
- 【面选项】：用于指定是显示路径上方的频谱（A 面）、路径下方的频谱（B 面），还是这两者（A 和 B 面）。
- 【持续时间平均化】：用于指定为减少随机性平均的音频频率。
- 【在原始图像上合成】：如果选择此选项，则显示使用此效果的原始图层。

（5）在菜单栏中选择【效果】|【风格化】|【发光】命令，如图 9-15 所示。

（6）即可为"圆点"图层添加该效果，在【效果控件】面板中将【发光阈值】设置为 10%，将【发光半径】设置为 5，如图 9-16 所示。

图 9-15

图 9-16

案例精讲 109 制作节奏律动效果

本案例将介绍如何制作节奏律动效果，最终效果如图 9-17 所示。

图 9-17

（1）按 Ctrl+O 组合键，打开"素材\Cha09\律动素材 01.aep"素材文件，在【项目】面板中选择"律动素材 02.mp3"素材文件，将其拖至【时间轴】面板中，如图 9-18 所示。

（2）在【时间轴】面板中右击鼠标，在弹出的快捷菜单中选择【新建】|【纯色】命令，在弹出的【纯色设置】对话框中将【名称】设置为"音频"，其他参数保持默认即可，如图 9-19 所示。

图 9-18

图 9-19

（3）设置完成后，单击【确定】按钮。选中该图层，在菜单栏中选择【效果】|【生成】|【音频频谱】命令，为该图层添加【音频频谱】效果。在【时间轴】面板中，将【音频频谱】下的【音频层】设置为【2.律动素材 02.mp3】，将【频段】、【最大高度】、【厚度】、【柔和度】分别设置为 23、1910、4.5、0，将【内部颜色】、【外部颜色】的颜色值都设置为 #FFFFFF，如图 9-20 所示。

（4）新建一个合成文件，将【宽度】、【高度】分别设置为 1152px、768px，将【像素长宽比】设置为【方形像素】，将【持续时间】设置为 0:00:23:00。在【项目】面板中选择"律动素材 03.jpg"素材文件，按住鼠标左键将其拖曳至【时间轴】面板中，将【缩放】均设置为 46%，如图 9-21 所示。

图 9-20　　　　　　图 9-21

（5）在【项目】面板中选择"音频"合成文件，按住鼠标左键将其拖曳至【合成】面板中，在【时间轴】面板中将【位置】设置为 576、528，如图 9-22 所示。

（6）选中"音频"图层，在菜单栏中选择【效果】|【透视】|【投影】命令，将【投影】下的【不透明度】、【距离】分别设置为 20%、5，如图 9-23 所示。

 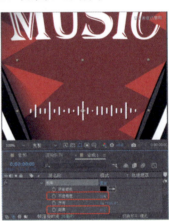

图 9-22　　　　　　图 9-23

Chapter 10 光效和粒子

本章导读：

　　光效和粒子经常用于制作视频中的环境背景，也能够制作特殊的炫酷效果。本章将简单介绍光效和粒子的制作方法。

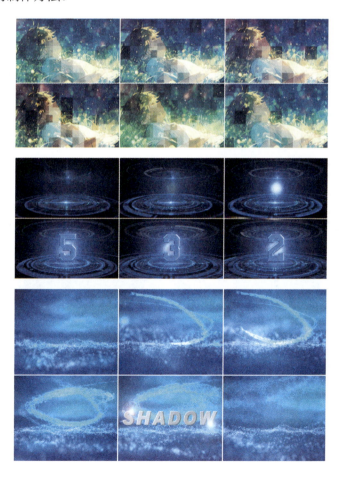

案例精讲 110　制作跳动的方块

本案例将介绍如何制作跳动的方块。首先制作方块纯色图层，为其添加【分形杂色】效果，然后创建调整图层，为其添加【色相/饱和度】和【曲线】效果，完成后的效果如图 10-1 所示。

图 10-1

（1）打开"素材 \Cha10\ 方块素材 01.aep"素材文件，在【项目】面板中将"方块素材 02.mp4"素材文件拖曳至【时间轴】面板中，将【缩放】均设置为 73%，如图 10-2 所示。

（2）新建一个名为"方块"并与合成大小相同的黑色纯色图层。选中"方块"纯色图层，在菜单栏中选择【效果】|【杂色和颗粒】|【分形杂色】命令，为其添加【分形杂色】效果。在【时间轴】面板中将当前时间设置为 0:00:00:00，将【分形杂色】下的【分形类型】设置为【湍流平滑】，将【杂色类型】设置为【块】，将【反转】设置为【开】，将【对比度】、【亮度】分别设置为 48、-18，将【溢出】设置为【反绕】，将【变换】下的【缩放】设置为 240，将【偏移（湍流）】设置为 360、288，将【复杂度】设置为 2，单击【演化】左侧的【时间变化秒表】按钮，将【混合模式】设置为【发光度】，如图 10-3 所示。

图 10-2

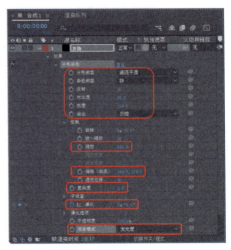

图 10-3

（3）将当前时间设置为 0:00:09:24，将【演化】设置为 2x+240°，如图 10-4 所示。

(4)在【时间轴】面板中选择"方块"图层,将【模式】设置为【叠加】,如图10-5所示。

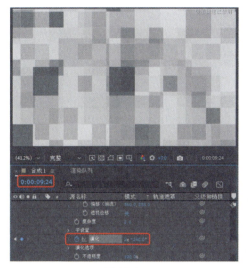

图10-4

图10-5

(5)在【时间轴】面板中新建一个调整图层,将其【模式】设置为【柔光】,将当前时间设置为0:00:00:00,为调整图层添加【色相/饱和度】效果,在【时间轴】面板中将【彩色化】设置为【开】,将【着色色相】设置为200°,并单击其左侧的【时间变化秒表】按钮,将【着色饱和度】设置为80,如图10-6所示。

(6)将当前时间设置为0:00:09:24,将【着色色相】设置为1x+200°,如图10-7所示。

图10-6

图10-7

(7)为调整图层添加【曲线】效果,在【效果控件】面板中添加一个编辑点,并调整其位置,如图10-8所示。

（8）将当前时间设置为0:00:05:00，在菜单栏中选择【效果】|【模糊和锐化】|【摄像机镜头模糊】命令。在【时间轴】面板中将【摄像机镜头模糊】下的【模糊半径】设置为0，并单击其左侧的【时间变化秒表】按钮，如图10-9所示。

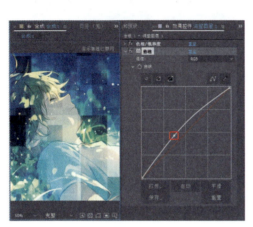

图 10-8

图 10-9

（9）将当前时间设置为0:00:06:00，在【时间轴】面板中将【摄像机镜头模糊】下的【模糊半径】设置为10，如图10-10所示。

（10）在【时间轴】面板中将【不透明度】设置为50%，如图10-11所示。

图 10-10

图 10-11

案例精讲 111　制作光效倒计时效果

本案例将介绍如何制作光效倒计时效果。其中主要应用了【音频频谱】、【发光】、CC Lens等效果制作发光效果，最后添加素材图片，并设置【缩放】参数，完成后的效果如图10-12所示。

第 10 章　光效和粒子

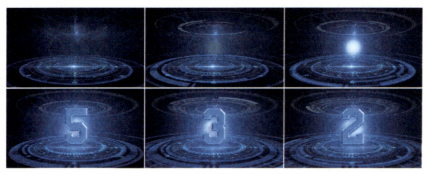

图 10-12

（1）打开"素材 \Cha10\ 光效倒计时素材 .aep"素材文件，在【时间轴】面板中新建一个名称为"光 01"、颜色为 #111010 的纯色图层，并打开"光 01"图层的运动模糊与 3D 图层模式，为该图层添加【音频频谱】效果。在【时间轴】面板中将【起始点】设置为 955.6、-34.3，将【结束点】设置为 959.6、1108.1，将【起始频率】和【结束频率】分别设置为 120、601，将【最大高度】设置为 4050，将【音频持续时间（毫秒）】设置为 200，将【音频偏移（毫秒）】设置为 50，将【柔和度】设置为 100%，将【内部颜色】设置为 #00F6FF，将【外部颜色】设置为 #00649D，如图 10-13 所示。

（2）为"光 01"图层添加【发光】效果，在【时间轴】面板中将【发光基于】设置为【Alpha 通道】，【发光阈值】设置为 15.3%，【发光半径】设置为 64，【发光强度】设置为 3.3，【发光颜色】设置为【A 和 B 颜色】，【色彩相位】设置为 5x+0°，将【颜色 A】设置为 #00D2FF，将【颜色 B】设置为 #04DFFF，如图 10-14 所示。

图 10-13

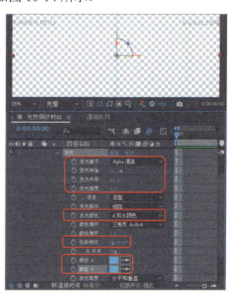

图 10-14

（3）为"光 01"图层添加 CC Lens 效果，将当前时间设置为 0:00:02:01，在【时间轴】面板中将 Center 设置为 960、540，将 Size 设置为 40，并单击其左侧的【时间变化秒表】按钮，将 Convergence 设置为 100，如图 10-15 所示。

（4）将当前时间设置为0:00:03:03，在【时间轴】面板中将Size设置为0，如图10-16所示。

图 10-15

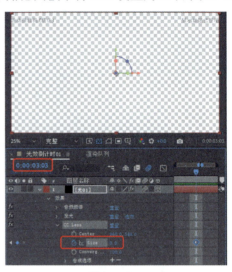
图 10-16

（5）为"光01"图层添加CC Flo Motion效果，将当前时间设置为0:00:00:00，将Knot 1设置为950、535.5，单击Amount 1和Amount 2左侧的【时间变化秒表】按钮，添加关键帧，并将Amount 1和Amount 2分别设置为20、86，将Knot 2设置为953.7、538.5，将Antialiasing设置为Low，如图10-17所示。

（6）将当前时间设置为0:00:02:01，将Amount 1和Amount 2分别设置为 -131、-75，如图10-18所示。

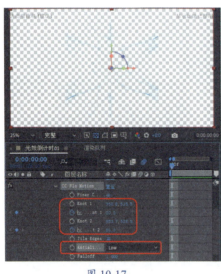
图 10-17

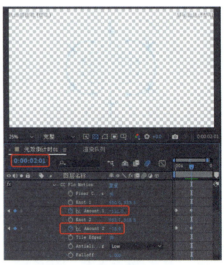
图 10-18

（7）在【时间轴】面板中选择"光01"图层，按Ctrl+D组合键复制图层，选择最上方的"光01"图层，将其名称修改为"光02"。选择"光02"图层，按U键，显示该图层的所有关键帧，将其所有的关键帧删除，如图10-19所示。

第 10 章 光效和粒子

（8）选择"光 02"图层下的【音频频谱】效果，在【时间轴】面板中，将【起始点】设置为 955.6、-26.2，将【结束点】设置为 955.6、1100，将【内部颜色】设置为 #00BAFF，将【外部颜色】设置为 #00DCF6，其他保持默认值，如图 10-20 所示。

图 10-19

图 10-20

（9）选择"光 02"图层下的【发光】效果，在【时间轴】面板中将【发光半径】和【发光强度】分别设置为 113、2.4，将【颜色 A】设置为 #88CBFF，将【颜色 B】设置为 #04A3FF，如图 10-21 所示。

（10）为"光 02"图层添加【定向模糊】效果，将它调整至【发光】效果的下方，将【模糊长度】设置为 114，如图 10-22 所示。

图 10-21

图 10-22

（11）为"光 02"图层添加【高斯模糊（旧版）】效果，并将它调整至【定向模糊】效果的下方，将【模糊度】设置为 10，如图 10-23 所示。

（12）展开"光 02"图层下的 CC Lens 效果，将 Size 设置为 56，如图 10-24 所示。

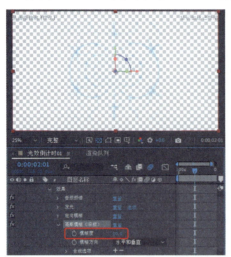

图 10-23

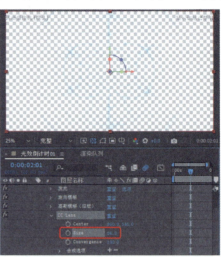

图 10-24

（13）展开"光 02"图层下的 CC Flo Motion 效果，将 Knot1 设置为 480、270，将 Knot 2 设置为 953.7、538.5，将 Amount 1 和 Amount 2 分别设置为 0、121，如图 10-25 所示。

（14）在【时间轴】面板中选择"光 02"图层，按 Ctrl+D 组合键进行复制，并命名为"光 03"，将其【模式】设置为【相加】，并在【效果控件】面板中将所有的特效删除，如图 10-26 所示。

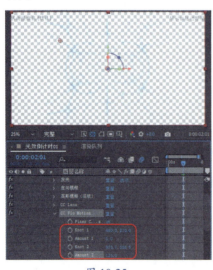

图 10-25

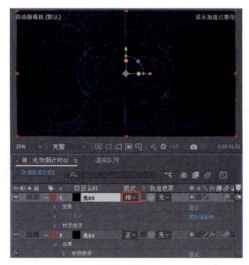

图 10-26

（15）为"光 03"图层添加【镜头光晕】效果，将当前时间设置为 0:00:03:02，在【时间轴】面板中将【光晕中心】设置为 960、536，单击【光晕亮度】左侧的【时间变化秒表】按钮，并将【光晕亮度】设置为 111%，将【镜头类型】设置为【105 毫米定焦】，如图 10-27 所示。

（16）将当前时间设置为 0:00:03:20，将【光晕亮度】设置为 138，如图 10-28 所示。

光效和粒子　第 10 章

图 10-27

图 10-28

（17）为"光 03"图层添加【色调】效果，使用其默认参数，如图 10-29 所示。

（18）为"光 03"图层添加【曲线】效果，在【效果控件】面板中将【通道】设置为 RGB，添加两个编辑点，并调整其位置，如图 10-30 所示。

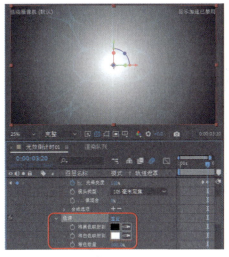

图 10-29　　　　　　　　　　　　　　　　图 10-30

（19）将【曲线】效果下的【通道】设置为【红色】，对曲线进行调整，如图 10-31 所示。

（20）将【曲线】效果下的【通道】设置为【绿色】，添加编辑点，并调整其位置，如图 10-32 所示。

（21）将【曲线】效果下的【通道】设置为【蓝色】，添加编辑点，并调整其位置，如图 10-33 所示。

（22）将当前时间设置为 0:00:02:03，将"光 03"图层下的【不透明度】设置为 0，并单击其左侧的【时间变化秒表】按钮，如图 10-34 所示。

211

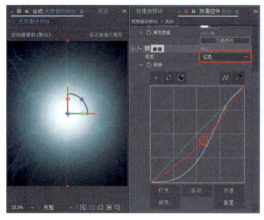

图 10-31

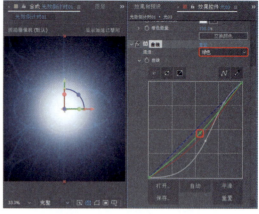

图 10-32

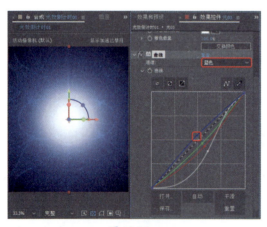

图 10-33

图 10-34

（23）将当前时间设置为 0:00:03:02，将【不透明度】设置为 100%，如图 10-35 所示。

（24）在【项目】面板中选择"光效倒计时 01"合成，将其拖至面板底部的【新建合成】按钮上，此时会新建一个名为"光效倒计时 02"的合成。在"光效倒计时 02"的【时间轴】面板中右击，在弹出的快捷菜单中选择【合成设置】命令，弹出【合成设置】对话框，将【持续时间】设置为 0:00:02:00，单击【确定】按钮，将入点时间设置为 -0:00:03:00，如图 10-36 所示。

（25）新建一个名称为"光效倒计时 03"、【预设】为 HD·1920×1080·25fps、【像素长宽比】为【方形像素】、【帧速率】为 25 帧 / 秒、【持续时间】为 0:00:13:00 的合成，在【项目】面板中选择"光效倒计时 01.mp4"素材文件，按住鼠标左键将其拖曳至"光效倒计时 03"的【时间轴】面板中，如图 10-37 所示。

（26）在【项目】面板中选择"光效倒计时 01"合成，按住鼠标左键将其拖曳至【时间轴】面板中，将【模式】设置为【相加】，如图 10-38 所示。

光效和粒子　第 10 章

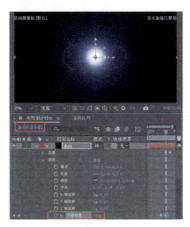
图 10-35

图 10-36

图 10-37

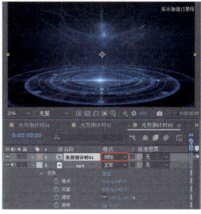
图 10-38

（27）将【项目】面板中的"光效倒计时 02.png"素材文件拖曳至【时间轴】面板中，并将其入点设置为 0:00:03:00，将持续时间设置为 0:00:02:00，如图 10-39 所示。

（28）将当前时间设置为 0:00:03:00，在【时间轴】面板中将【缩放】设置为 0，并单击其左侧的【时间变化秒表】按钮，如图 10-40 所示。

图 10-39

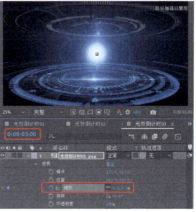
图 10-40

213

（29）将当前时间设置为 0:00:03:12，将【缩放】均设置为 82%，如图 10-41 所示。
（30）使用同样的方法添加其他对象，并进行相应的设置，如图 10-42 所示。

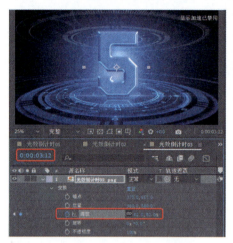

图 10-41

图 10-42

案例精讲 112　制作魔幻粒子

本案例将介绍如何制作魔幻粒子。首先通过新建"立体文字"合成制作立体文字效果，然后新建合成，通过添加背景视频并创建调整图层，制作粒子运动效果，完成后的效果如图 10-43 所示。

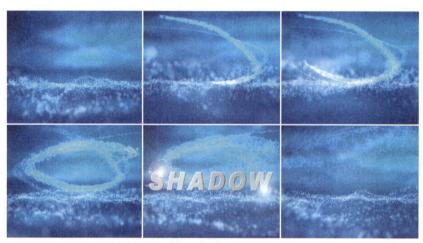

图 10-43

（1）打开"素材 \Cha10\ 魔幻粒子素材 .aep"素材文件，在【项目】面板中选择"魔幻粒子 01.jpg"素材文件，并将其拖曳至【时间轴】面板中，单击【缩放】右侧的【约束比例】按钮，取消缩放的约束比例，将【缩放】设置为 110%、100%，如图 10-44 所示。

（2）在【工具】面板中单击【横排文字工具】按钮，在【合成】面板中输入英文"shadow"，将【字体系列】设置为 Arial Black，将【字体大小】设置为 115 像素，将【字符间距】设置为 100，单击【仿粗体】按钮 T 与【全部大写字母】按钮 TT，将【填充颜色】设置为 #FB5D16，然后将文字图层的【位置】设置为 57、327，如图 10-45 所示。

图 10-44

图 10-45

（3）在【时间轴】面板中将"魔幻粒子 01.jpg"图层的【轨道遮罩】设置为 1.shadow，如图 10-46 所示。

（4）新建一个名称为"立体文字"，【宽度】、【高度】分别为 720px、576px，【像素长宽比】为 D1/DV PAL（1.09），【持续时间】为 0:00:08:00 的合成，将【项目】面板中的"合成 1"合成添加到"立体文字"的【时间轴】面板中。选中【时间轴】面板中的"合成 1"图层，在菜单栏中选择【效果】|【透视】|【斜面 Alpha】命令，在【时间轴】面板中将【斜面 Alpha】下的【边缘厚度】设置为 3，如图 10-47 所示。

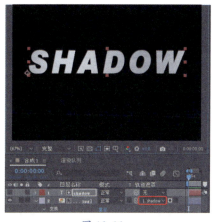
图 10-46

图 10-47

（5）在【时间轴】面板中选择"合成 1"图层，按 Ctrl+D 组合键对选中的图层进行复制，并将复制的图层命名为"文字 2"，将"文字 2"的【位置】设置为 359、288，如图 10-48 所示。

（6）再在【时间轴】面板中选择"文字 2"图层，按 Ctrl+D 组合键对选中的图层进行复制，并将复制的图层命名为"文字 3"，将"文字 3"的【位置】设置为 358、288，如图 10-49 所示。

图 10-48

图 10-49

（7）新建一个名为"魔幻粒子"的合成，将【项目】面板中的"魔幻粒子02.mp4"素材文件拖曳至【时间轴】面板中，将【位置】设置为360、372，将【缩放】均设置为69%，如图10-50所示。

（8）在【时间轴】面板中新建一个名为"粒子"的纯色图层，选中【时间轴】面板中的"粒子"图层，将【模式】设置为【相加】，将当前时间设置为0:00:00:00，在菜单栏中选择【效果】|【模拟】|CC Particle Systems II命令。在【时间轴】面板中将Birth Rate设置为2，Longevity（sec）设置为5，在Producer选项组中，将Position设置为46、94，然后单击其左侧的【时间变化秒表】按钮，添加关键帧，将Radius X设置为0，将Radius Y设置为0，在Physics选项组中，将Animation设置为Fire，Velocity设置为-0.2，Gravity设置为0.1，Resistance设置为100，然后单击其左侧的【时间变化秒表】按钮，添加关键帧，将Direction设置为0x+0°，如图10-51所示。

图 10-50

图 10-51

（9）在Particle选项组中，将Particle Type设置为Faded Sphere，Birth Size设置为0.08，将Death Size设置为0.15，Max Opacity设置为100，将Birth Color设置为#AFE4F7，将Death Color设置为#007EB3，如图10-52所示。

（10）将当前时间设置为0:00:00:20，将Position设置为361.6、126，如图10-53所示。

第 10 章 光效和粒子

图 10-52

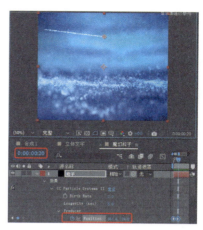

图 10-53

（11）将当前时间设置为 0:00:01:15，将 Position 设置为 648.7、235.6，如图 10-54 所示。

（12）将当前时间设置为 0:00:02:14，将 Position 设置为 354.3、390，如图 10-55 所示。

图 10-54

图 10-55

（13）将当前时间设置为 0:00:03:09，将 Position 设置为 47.2、247，如图 10-56 所示。

（14）将当前时间设置为 0:00:04:02，将 Position 设置为 399.2、96.2，如图 10-57 所示。

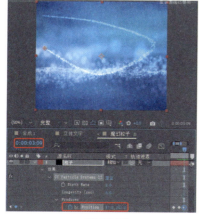

图 10-56

图 10-57

217

（15）将当前时间设置为 0:00:04:19，将 Position 设置为 764.8、51.7，如图 10-58 所示。
（16）将当前时间设置为 0:00:05:06，将 Position 设置为 348.6、327.6，如图 10-59 所示。

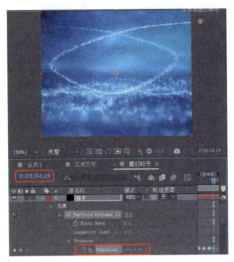
图 10-58

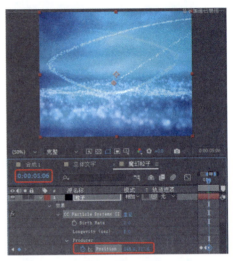
图 10-59

（17）将当前时间设置为 0:00:05:19，将 Position 设置为 -200、506，将 Resistance 设置为 0，如图 10-60 所示。

（18）在菜单栏中选择【效果】|【风格化】|【发光】命令，在【时间轴】面板中将【发光】下的【发光颜色】设置为【A 和 B 颜色】，如图 10-61 所示。

图 10-60

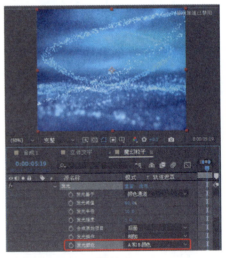
图 10-61

（19）在菜单栏中选择【效果】|【模糊和锐化】|CC Vector Blur 命令，在【时间轴】面板中将 CC Vector Blur 下的 Amount 设置为 30，将 Ridge Smoothness 设置为 8，将 Map Softness 设置为 6，如图 10-62 所示。

（20）在菜单栏中选择【效果】|【过时】|【高斯模糊（旧版）】命令，在【时间轴】面板中将【高斯模糊（旧版）】下的【模糊度】设置为1，并打开"粒子"图层的运动模糊，如图10-63所示。

图 10-62

图 10-63

（21）按 Ctrl+D 组合键，复制"粒子"图层，并将复制的图层重命名为"粒子2"，然后调整 Position 参数，如图10-64所示。

（22）在【时间轴】面板中，将 CC Particle Systems II 选项组中的 Birth Rate 设置为5，在 Physics 选项组中，将 Velocity 设置为-1.5，Inherit Velocity 设置为10，Gravity 设置为0.2，如图10-65所示。

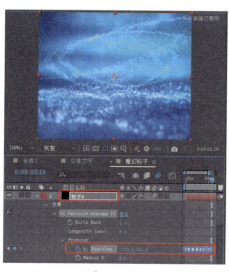
图 10-64

图 10-65

（23）将"粒子2"图层中【发光】下的【发光颜色】设置为【原始颜色】，如图10-66所示。

（24）将 CC Vector Blur 选项组中的 Amount 设置为 40，将 Property 设置为 Alpha，将 Map Softness 设置为 10，如图 10-67 所示。

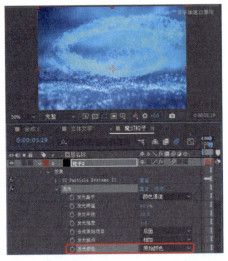
图 10-66

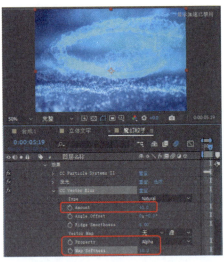
图 10-67

（25）将【项目】面板中的"立体文字"合成添加到【时间轴】面板的顶层，将当前时间设置为 0:00:05:06，选中"立体文字"图层并按 Alt+[组合键，将时间线左侧部分删除，如图 10-68 所示。

（26）确认当前时间为 0:00:05:06，将"立体文字"图层的【缩放】均设置为 8%，然后单击其左侧的【时间变化秒表】按钮，添加关键帧，如图 10-69 所示。

图 10-68

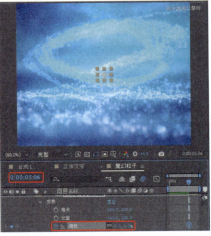
图 10-69

（27）将当前时间设置为 0:00:05:15，将【缩放】均设置为 110%，如图 10-70 所示。

（28）将当前时间设置为 0:00:06:17，为【缩放】和【不透明度】添加关键帧，如图 10-71 所示。

第 10 章 光效和粒子

图 10-70

图 10-71

（29）将当前时间设置为 0:00:07:24，将【缩放】均设置为 900%，将【不透明度】设置为 0，如图 10-72 所示。

（30）新建一个名为"镜头光晕"的纯色图层，将该纯色图层的【模式】设置为【屏幕】，将当前时间设置为 0:00:05:12，选中"镜头光晕"图层并按 Alt+[组合键，将时间线左侧部分删除，如图 10-73 所示。

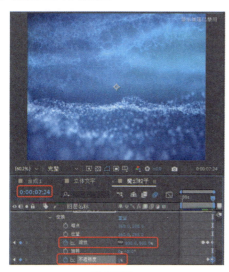

图 10-72

图 10-73

（31）将当前时间设置为 0:00:05:15，为"镜头光晕"图层添加"镜头光晕"效果。在【时间轴】面板中，将【光晕中心】设置为 90、240，然后单击其左侧的【时间变化秒表】按钮，添加关键帧，如图 10-74 所示。

（32）将当前时间设置为 0:00:06:15，将【光晕中心】设置为 665、240，将【光晕亮度】设置为 90，然后单击其左侧的【时间变化秒表】按钮，添加关键帧，如图 10-75 所示。

221

图 10-74

图 10-75

（33）将当前时间设置为 0:00:06:17，将【光晕亮度】设置为 0，如图 10-76 所示。

（34）在【时间轴】面板中选中【镜头光晕】效果，按 Ctrl+D 组合键将其复制。将当前时间设置为 0:00:05:15，将【镜头光晕 2】的【镜头类型】设置为【105 毫米定焦】，将【光晕中心】设置为 640、330，如图 10-77 所示。

（35）将当前时间设置为 0:00:06:15，将【镜头光晕 2】的【光晕中心】设置为 45、330，如图 10-78 所示。

图 10-76

图 10-77

图 10-78

制作影视片头

本章导读：

影视片头在日常生活中随处可见，但你知道它们是怎么制作的吗？本章将重点讲解电影片头的制作方法。

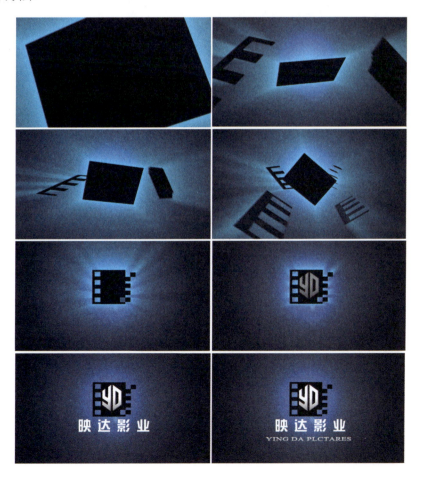

案例精讲 113　制作 LOGO 动画

本案例将介绍如何制作 LOGO 动画，首先绘制出 LOGO 的各个部分，然后将其组合成动画，最后对动画进行特效处理，具体操作步骤如下。

（1）在【项目】面板中选择"影视素材 02.jpg"素材文件，将其添加至【时间轴】面板中，将【缩放】均设置为 19.5%，如图 11-1 所示。

（2）按 Ctrl+Y 组合键，弹出【纯色设置】对话框，将【名称】设置为"LOGO1"，将【颜色】设置为白色，单击【确定】按钮。在【时间轴】面板中选择"LOGO1"图层，将其调整至"影视素材 02.jpg"图层的下方，在【工具】面板中选择【矩形工具】，根据素材图片绘制遮罩，绘制左侧部分，如图 11-2 所示。

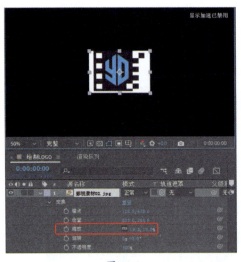
图 11-1

图 11-2

（3）继续选中"LOGO1"图层，使用【矩形工具】绘制一个矩形，展开图层的【蒙版】选项组，将【蒙版 2】的【模式】设置为【相减】，如图 11-3 所示。

（4）使用同样的方法绘制"LOGO1"的其他部分，并将其【模式】设置为【相减】，如图 11-4 所示。

> 提示：
> 在此为了更好地查看绘制的效果，可单击【切换透明网格】按钮，将背景设置为透明，并将"影视素材 02.jpg"图层隐藏。

（5）再次按 Ctrl+Y 组合键，新建一个名称为"LOGO2"、【颜色】为白色的纯色图层，利用【矩形工具】结合素材文件，绘制出标志的中间部分，如图 11-5 所示。

（6）再次按 Ctrl+Y 组合键，新建一个名称为"LOGO3"、【颜色】为白色的纯色图层，利用【钢笔工具】结合素材文件绘制标志中间的变形字母，如图 11-6 所示。

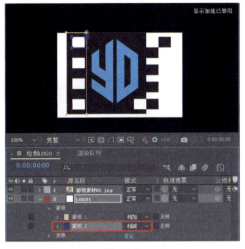
图 11-3

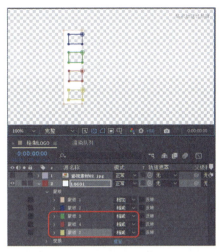
图 11-4

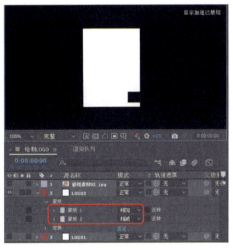
图 11-5

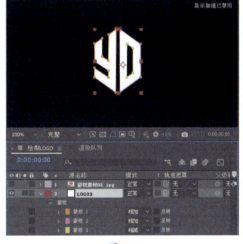
图 11-6

（7）新建一个名称为"LOGO4"、【颜色】为白色的纯色图层，利用【矩形工具】结合素材文件，绘制出标志右侧的小方块，如图 11-7 所示。

（8）新建一个名称为"LOGO5"、【颜色】为白色的纯色图层，利用【矩形工具】结合素材文件，绘制出标志中间的矩形部分，如图 11-8 所示。

> 提示：
> 上一步绘制的矩形是为了在制作动画中出现很好的效果，细心的读者会发现，素材 LOGO 中没有独立的矩形。

（9）下面对各个单独的 LOGO 建立合成，在【项目】面板中，按 Ctrl+N 组合键，弹出【合成设置】对话框，将【合成名称】设置为"LOGO1"，将【宽度】、【高度】分别设置为 1050px、576px，将【像素长宽比】设置为【方形像素】，将【帧速率】设置为 25 帧 / 秒，将【持续时间】设置为 0:00:16:00，将【背景颜色】设置为黑色，如图 11-9 所示。

（10）单击【确定】按钮，在"绘制 LOGO"合成中选择"LOGO1"图层，将其复制到"LOGO1"合成中，在【合成】面板中单击【选择网格和参考线选项】按钮，在弹出的下拉列表中选择【对称网格】命令，如图 11-10 所示。

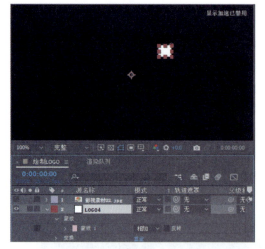
图 11-7

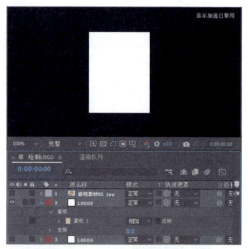
图 11-8

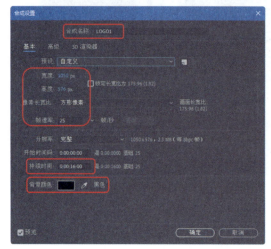
图 11-9

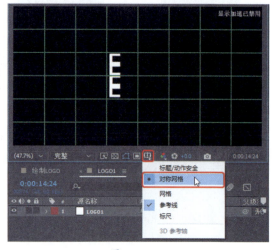
图 11-10

（11）在【工具】面板中选择【选取工具】，将图形移动到中心位置，然后选择【向后平移（锚点）工具】，将图形的锚点调整至图形的中心位置，如图 11-11 所示。

（12）使用同样的方法制作 LOGO2～LOGO5 的合成，新建一个名为"LOGO 动画"的合成，在【项目】面板中选择"LOGO2"合成，将其添加至"LOGO 动画"的【时间轴】面板中，开启 3D 图层，将【位置】设置为 525、242、0，如图 11-12 所示。

（13）将当前时间设置为 0:00:10:00，选择"LOGO2"图层，按 Alt+[组合键将时间线前面的部分删除，如图 11-13 所示。

（14）在【项目】面板中选择"LOGO5"合成，将其添加至时间轴的最上端，并开启3D图层。将当前时间设置为0:00:00:00，单击【位置】和【Z轴旋转】左侧的【时间变化秒表】按钮，添加关键帧，并将【位置】设置为525、288、-1320，将【Z轴旋转】设置为-68°，如图11-14所示。

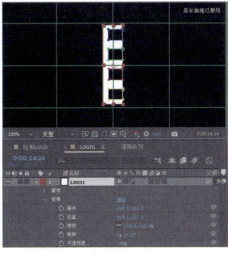

图11-11　　　　　　　　　　　图11-12

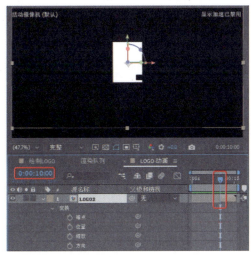 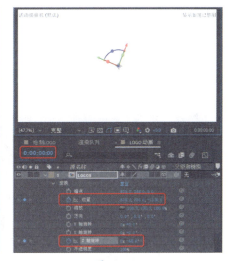

图11-13　　　　　　　　　　　图11-14

提示：

在制作动画的过程中，有一部分不需要显示，我们可以将该位置前或后的动画修剪掉，修剪的部分在预览的过程中不会显示。当需要剪掉当前时间前的部分时，可以按Alt+[组合键，反之，按Alt+]组合键。

（15）将当前时间设置为 0:00:02:00，分别单击【X 轴旋转】和【Y 轴旋转】左侧的【时间变化秒表】按钮，并将【X 轴旋转】设置为 176°，将【Y 轴旋转】设置为 -15°，如图 11-15 所示。

（16）将当前时间设置为 0:00:05:00，将【位置】设置为 525、288、-600，将【X 轴旋转】设置为 30°，将【Z 轴旋转】设置为 -82°，如图 11-16 所示。

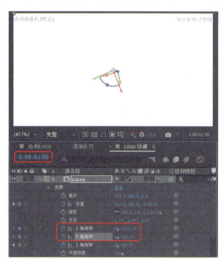 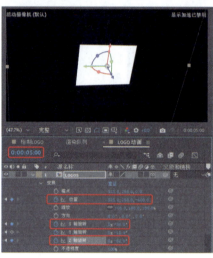

图 11-15　　　　　　　　　　　　　　　图 11-16

（17）将当前时间设置为 0:00:10:00，将【位置】设置为 525、242、0，将【X 轴旋转】、【Y 轴旋转】、【Z 轴旋转】均设置为 0°，如图 11-17 所示。

（18）将当前时间设置为 0:00:09:20，单击【不透明度】左侧的【时间变化秒表】按钮，添加关键帧，如图 11-18 所示。

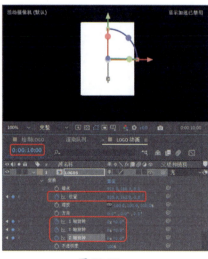 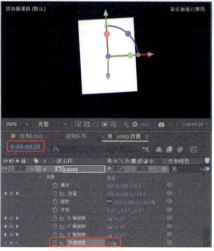

图 11-17　　　　　　　　　　　　　　　图 11-18

（19）将当前时间设置为 0:00:10:10，将【不透明度】设置为 0，如图 11-19 所示。

（20）将当前时间设置为 0:00:10:10，然后按 Alt+] 组合键将后面的部分删除，如图 11-20 所示。

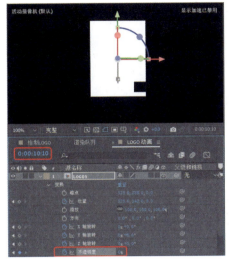

图 11-19

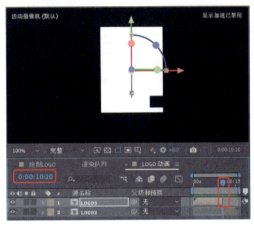

图 11-20

（21）在【项目】面板中选择"LOGO1"合成，将其添加至【时间轴】面板的最上端，开启 3D 图层，将【入】设置为 0:00:04:00，如图 11-21 所示。

（22）将当前时间设置为 0:00:04:00，单击【位置】和【X 轴旋转】左侧的【时间变化秒表】按钮，添加关键帧，将【位置】设置为 423、288、-1245，将【X 轴旋转】设置为 135°，如图 11-22 所示。

图 11-21

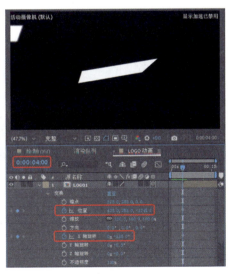

图 11-22

（23）将当前时间设置为 0:00:05:00，将【位置】设置为 423、288、-880，将【X 轴旋转】设置为 110°，单击【Z 轴旋转】左侧的【时间变化秒表】按钮，并将其设置为 -22°，如图 11-23 所示。

（24）将当前时间设置为 0:00:10:00，将【位置】设置为 438、242、0，将【X 轴旋转】和【Z 轴旋转】均设置为 0，如图 11-24 所示。

图 11-23

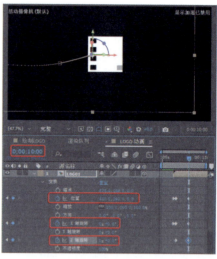
图 11-24

（25）在【项目】面板中选择"LOGO4"合成，将其添加至【时间轴】面板的最上方，开启 3D 图层，将当前时间设置为 0:00:03:00，选择该图层，按 Alt+[组合键，将左侧部分删除，如图 11-25 所示。

（26）将当前时间设置为 0:00:03:00，将【位置】设置为 542、288、-1517，将【X 轴旋转】、【Y 轴旋转】、【Z 轴旋转】分别设置为 110°、25°、200°，并单击其左侧的【时间变化秒表】按钮 ，如图 11-26 所示。

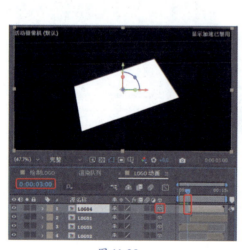
图 11-25

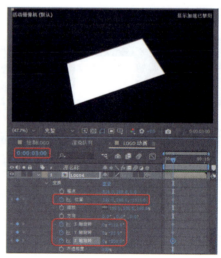
图 11-26

（27）将当前时间设置为 0:00:05:00，将【位置】设置为 569、288、-1246，将【X 轴旋转】、【Y 轴旋转】、【Z 轴旋转】分别设置为 149°、41°、121°，如图 11-27 所示。

(28)将当前时间设置为 0:00:10:00,将【位置】设置为 607、309、0,将【X 轴旋转】、【Y 轴旋转】、【Z 轴旋转】均设置为 0,如图 11-28 所示。

图 11-27

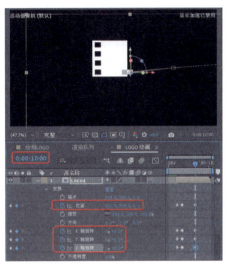
图 11-28

(29)将"LOGO4"图层复制出 4 个,并在 0:00:10:00 处对关键帧的位置进行设置,组合标志,如图 11-29 所示。

(30)在【项目】面板中选择"LOGO1"合成,将其添加至【时间轴】面板的最上端,开启 3D 图层,将当前时间设置为 0:00:05:00,按 Alt+[组合键将左侧的内容删除,然后将当前时间设置为 0:00:08:06,按 Alt+] 组合键将当前时间右侧的内容删除,如图 11-30 所示。

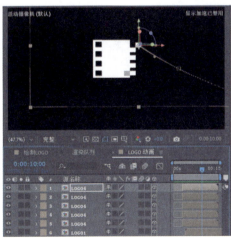
图 11-29

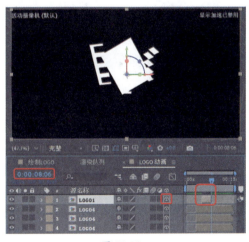
图 11-30

(31)将当前时间设置为 0:00:05:00,将【位置】设置为 684、368、-1457,将【缩放】均设置为 300%,并单击其左侧的【时间变化秒表】按钮,将【X 轴旋转】、【Y 轴旋转】分别设置为 95°、-29°,如图 11-31 所示。

（32）将当前时间设置为 0:00:08:06，将【位置】设置为 638、362、0，将【缩放】均设置为 100%，如图 11-32 所示。

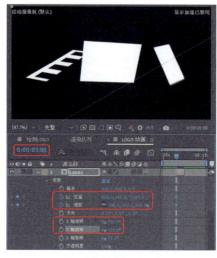
图 11-31

图 11-32

（33）将当前时间设置为 0:00:06:17，单击【不透明度】左侧的【时间变化秒表】按钮，如图 11-33 所示。

（34）将当前时间设置为 0:00:07:18，将【不透明度】设置为 0，如图 11-34 所示。

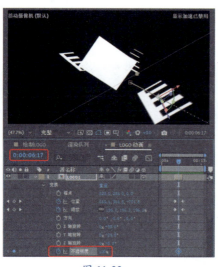
图 11-33

图 11-34

（35）在【项目】面板中选择"LOGO1"合成并将其添加至【时间轴】面板中。将当前时间设置为 0:00:05:13，按 Alt+[组合键将当前时间左侧的内容删除，将当前时间设置为 0:00:08:19，按 Alt+] 键将当前时间右侧的内容删除，开启 3D 图层模式，如图 11-35 所示。

（36）将当前时间设置为 0:00:05:13，将【位置】设置为 422、368、-1457，将【缩放】均设置为 300%，并单击其左侧的【时间变化秒表】按钮，将【X 轴旋转】、【Y 轴旋转】分别设置为 98°、34°，如图 11-36 所示。

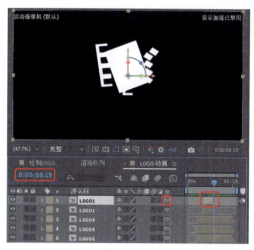
图 11-35

图 11-36

（37）将当前时间设置为 0:00:08:19，将【位置】设置为 440、347、0，将【缩放】均设置为 100%，如图 11-37 所示。

（38）将当前时间设置为 0:00:06:23，单击其左侧的【时间变化秒表】按钮◎，如图 11-38 所示。

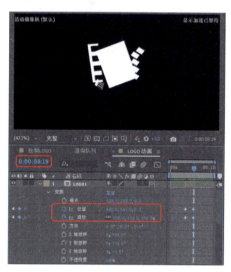
图 11-37

图 11-38

（39）将当前时间设置为 0:00:07:18，将【不透明度】设置为 0，如图 11-39 所示。

（40）新建一个名为"映达影业"的合成，在【工具】面板中选择【横排文字工具】，输入"映达影业"，在【字符】面板中将【字体】设置为【长城新艺体】，将【字体大小】设置为 70 像素，将【填充颜色】设置为白色，将【字符间距】设置为 500，如图 11-40 所示。

（41）选中该文字图层，在【时间轴】面板中开启 3D 图层，展开【变换】选项组，将【位置】设置为 530、398、0，如图 11-41 所示。

（42）在【效果和预设】面板中搜索【梯度渐变】效果，并将其添加至文字上，将【渐变起点】设置为 524、494，将【渐变终点】设置为 524、402，如图 11-42 所示。

233

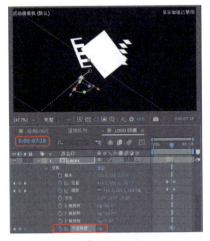

图 11-39

图 11-41

图 11-42

（43）在【效果和预设】面板中搜索【斜面Alpha】效果，并将其添加至文字上，将【边缘厚度】设置为2，将【灯光角度】设置为-60°，将【灯光强度】设置为0.4，如图11-43所示。

（44）将当前时间设置为0:00:08:12，按Alt+[组合键将当前时间左侧的部分删除，如图11-44所示。

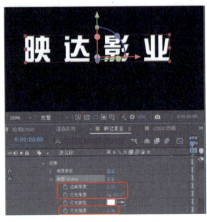

图 11-43

图 11-44

第 11 章 制作影视片头

案例精讲 114　合成影视片头

动画制作完成后，要对影视片头进行合成，下面将具体讲解如何合成影视片头。

（1）创建一个名为"影视片头"的合成，然后创建一个名为"背景"的黑色纯色图层，在【效果和预设】面板中搜索【镜头光晕】特效，将其添加至"背景"图层上。在【时间轴】面板中将【光晕中心】设置为 512、240，将【光晕亮度】设置为 120%，将【镜头类型】设置为【105 毫米定焦】，将【与原始图像混合】设置为 42%，如图 11-45 所示。

（2）在【效果和预设】面板中搜索【色相/饱和度】特效，将其添加至"背景"图层上，在【时间轴】面板中将【彩色化】设置为【开】，将【着色色相】设置为 206°，将【着色饱和度】设置为 48，将【着色亮度】设置为 0，如图 11-46 所示。

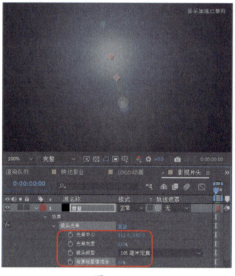

图 11-45

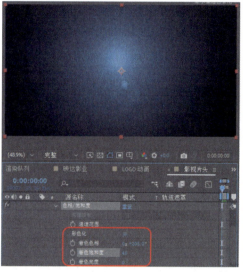

图 11-46

（3）在【效果和预设】面板中搜索【发光】特效，将其添加至"背景"图层上，在【时间轴】面板中将【发光半径】设置为 147，将【发光强度】设置为 2.3，如图 11-47 所示。

（4）在【项目】面板中选择"LOGO 动画"合成，将其添加至【时间轴】面板的最上方，在【效果和预设】面板中搜索 CC Light Burst 2.5 效果并将其添加至"LOGO 动画"图层上，将当前时间设置为 0:00:04:23，将 Ray Length 设置为 220，并单击其左侧的【时间变化秒表】按钮，如图 11-48 所示。

（5）将当前时间设置为 0:00:10:04，将 Ray Length 设置为 180，将当前时间设置为 0:00:11:00，将 Ray Length 设置为 0，如图 11-49 所示。

（6）在【效果和预设】面板中搜索【色调】特效，将其添加至"LOGO 动画"图层上，在【时间轴】面板中将【将白色映射到】设置为 #00CBFE，如图 11-50 所示。

图 11-47　　　　　　　　　　图 11-48

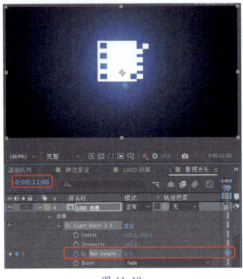

图 11-49　　　　　　　　　　图 11-50

（7）在【时间轴】面板中选择"LOGO 动画"图层，按 Ctrl+D 组合键对其进行复制，将复制后的图层命名为"LOGO 动画 1"，将其下方的 CC Light Butst 2.5 效果删除，并将【色调】效果下的【将白色映射到】设置为黑色，如图 11-51 所示。

（8）在【项目】面板中选择"LOGO3"合成，将其添加至【时间轴】面板的最上方，将【位置】设置为 520、239，将当前时间设置为 0:00:10:04，将【不透明度】设置为 0，并单击其左侧的【时间变化秒表】按钮，添加关键帧，如图 11-52 所示。

制作影视片头　第 11 章

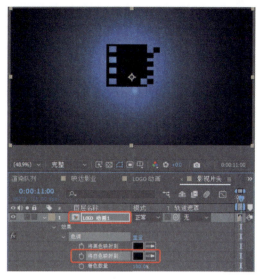

图 11-51

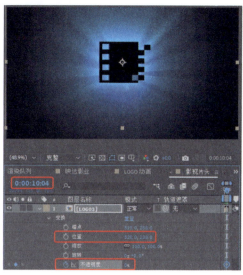

图 11-52

（9）将当前时间设置为 0:00:11:00，将【不透明度】设置为 100%，如图 11-53 所示。

（10）在【效果和预设】面板中选择【梯度渐变】效果，将其添加至"LOGO3"图层上，将【渐变起点】设置为 525、432，将【渐变终点】设置为 525、282，如图 11-54 所示。

图 11-53

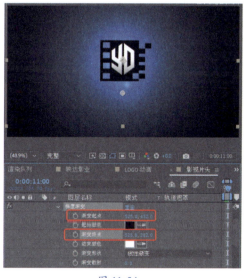

图 11-54

（11）为"LOGO3"图层添加【斜面 Alpha】特效，在【时间轴】面板中将【边缘厚度】设置为 3，将【灯光角度】设置为 -60°，将【灯光强度】设置为 0.4，如图 11-55 所示。

（12）在【项目】面板中选择"映达影业"合成，将其添加至【时间轴】面板的最上方，开启 3D 图层，将当前时间设置为 0:00:00:00，将【位置】设置为 525、392、-952，并单击其左侧的【时间变化秒表】按钮，添加关键帧，如图 11-56 所示。

237

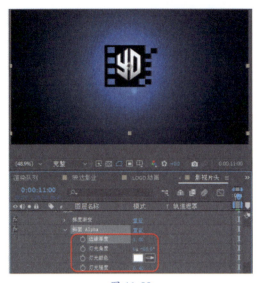

图 11-55

图 11-56

（13）将当前时间设置为 0:00:10:04，将【位置】设置为 525、408、-952，如图 11-57 所示。

（14）将当前时间设置为 0:00:12:11，将【位置】设置为 527、289、0，如图 11-58 所示。

图 11-57

图 11-58

（15）在【工具】面板中选择【横排文字工具】，输入"YING DA PLCTARES"，在【字符】面板中将【字体】设置为 Aparajita，将【字体大小】设置为 58 像素，将【填充颜色】设置为白色，将【字符间距】设置为 0，将【垂直缩放】设置为 60%，单击【仿粗体】按钮，将【锚点】设置为 -5、-9，将【位置】设置为 520、450，如图 11-59 所示。

（16）将当前时间设置为 0:00:12:13，将【缩放】均设置为 0，单击其左侧的【时间变化秒表】按钮，设置关键帧，如图 11-60 所示。

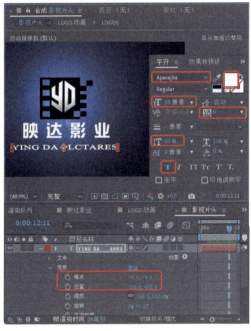

图 11-59

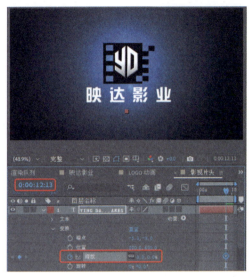

图 11-60

（17）将当前时间设置为 0:00:14:02，将【缩放】均设置为 100%，如图 11-61 所示。

（18）在【效果和预设】面板中搜索【梯度渐变】特效，将其添加至文字图层上，在【时间轴】面板中将【渐变起点】设置为 525、501，将【渐变终点】设置为 525、438，如图 11-62 所示。

图 11-61

图 11-62

（19）为文字图层添加【斜面 Alpha】特效，将【边缘厚度】设置为 1，将【灯光角度】设置为 –60°，将【灯光强度】设置为 0.4，如图 11-63 所示。

（20）在【项目】面板中选择"影视素材 03.wav"音频素材，将其添加至【时间轴】面板的最上方，如图 11-64 所示。

图 11-63

图 11-64

Chapter 12 制作青春回忆录

本章导读：

本章将讲解青春回忆录的制作方法，其中主要通过图片动画和视频结合来进行制作。

案例精讲 115　制作开始动画

本案例将讲解如何制作开始动画，其具体操作步骤如下。

（1）将【项目】面板中的"回忆录素材 01.mp4"拖曳至【时间轴】面板中，如图 12-1 所示。

（2）将【项目】面板中的"回忆录素材 02.png"拖曳至【时间轴】面板中，将【变换】下的【缩放】均设置为 67%，如图 12-2 所示。

图 12-1

图 12-2

（3）将当前时间设置为 0:00:01:01，选中"回忆录素材 02.png"图层，为其添加【线性擦除】效果，将【过渡完成】设置为 100%，单击其左侧的【时间变化秒表】按钮，将【擦除角度】、【羽化】分别设置为 –90°、255，如图 12-3 所示。

（4）将当前时间设置为 0:00:02:20，将【过渡完成】设置为 0，如图 12-4 所示。

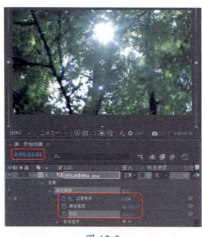

图 12-3

图 12-4

（5）将【项目】面板中的"回忆录素材 03.mov"拖曳至【时间轴】面板中，将【变换】下的【位置】设置为 1130、616，将【缩放】均设置为 277%，如图 12-5 所示。

（6）在【合成】面板中查看效果，如图 12-6 所示。

图 12-5　　　　　　　　　　　　　　图 12-6

案例精讲 116　制作转场动画 1

本案例将讲解如何制作转场动画 1，其具体操作步骤如下。

（1）按 Ctrl+N 组合键，弹出【合成设置】对话框，将【合成名称】设置为"转场动画 1"，将【宽度】和【高度】分别设置为 1920px、1080px，将【帧速率】设置为 30 帧 / 秒，将【持续时间】设置为 0:00:07:05，将【背景颜色】设置为黑色，如图 12-7 所示。

（2）单击【确定】按钮。在【时间轴】面板的空白位置右击，在弹出的快捷菜单中选择【新建】|【纯色】命令，弹出【纯色设置】对话框，将【名称】设置为"蓝色"，将【宽度】、【高度】分别设置为 1920 像素、1080 像素，将【像素长宽比】设置为【方形像素】，将【颜色】设置为 #4582D0，如图 12-8 所示。

 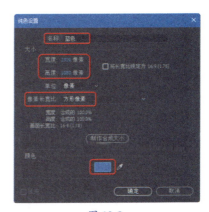

图 12-7　　　　　　　　　　　　　　图 12-8

（3）单击【确定】按钮。在【项目】面板中将"图片 01.jpg"拖曳至【时间轴】面板中，开启 3D 图层，将【变换】下的【缩放】均设置为 135%，将【不透明度】设置为 80%，如图 12-9 所示。

（4）在【效果和预设】面板中搜索【动态拼贴】特效，为"图片 01.jpg"图层添加该特效，在【时间轴】面板中将【动态拼贴】选项组中的【拼贴中心】设置为 960、540，将【输出宽度】、【输出高度】均设置为 300，将【镜像边缘】设置为【开】，如图 12-10 所示。

图 12-9

图 12-10

（5）在【项目】面板中选择"花.mp4"素材文件，将其拖曳至【时间轴】面板中，将【不透明度】设置为 60%，将【模式】设置为【柔光】，如图 12-11 所示。

（6）将"图片 02.jpg"素材文件添加至【时间轴】面板中，开启 3D 图层。将当前时间设置为 0:00:00:00，将【变换】选项组中的【锚点】设置为 960、540、0，将【位置】设置为 800.3、56.9、-511.3，将【缩放】均设置为 50%，将【X 轴旋转】设置为 -11°，将【Y 轴旋转】设置为 -12°，将【Z 轴旋转】设置为 7°，单击【X 轴旋转】、【Y 轴旋转】、【Z 轴旋转】左侧的【时间变化秒表】按钮◎，如图 12-12 所示。

图 12-11

图 12-12

（7）将当前时间设置为 0:00:07:04，将【X 轴旋转】设置为 -25°，将【Y 轴旋转】设置为 2°，将【Z 轴旋转】设置为 1°，选中关键帧，按 F9 键将关键帧转换为缓动，如图 12-13 所示。

（8）选中"图片 02.jpg"素材文件，右击，在弹出的快捷菜单中选择【蒙版】|【新建蒙版】命令，如图 12-14 所示。

图 12-13　　　　　　　　　　图 12-14

（9）为"图片 02.jpg"素材添加【描边】特效，将【所有蒙版】设置为【开】，将【颜色】设置为白色，将【画笔大小】设置为 50，如图 12-15 所示。

（10）将"图片 06.jpg"素材文件添加至【时间轴】面板中，开启 3D 图层，将【变换】选项组中的【锚点】设置为 769.2、432.7、0，将【位置】设置为 1780.7、1035.2、750，将【缩放】均设置为 41.8%，将【X 轴旋转】设置为 -11°，将【Y 轴旋转】设置为 -12°，将【Z 轴旋转】设置为 -8°，如图 12-16 所示。

 提示：
【描边】特效只能用于遮罩或者蒙版，不能用于形状。

图 12-15　　　　　　　　　　图 12-16

（11）选中"图片 06.jpg"素材文件，右击，在弹出的快捷菜单中选择【蒙版】|【新建蒙版】命令，为素材添加【描边】特效，将【所有蒙版】设置为【开】，将【颜色】设置为白色，将【画笔大小】设置为 30，如图 12-17 所示。

245

(12)将"图片04.jpg"素材文件添加至【时间轴】面板中,开启3D图层。将【变换】下的【锚点】设置为451、1029、0,将【位置】设置为1646.2、325.7、0,将【缩放】均设置为40%,将【X轴旋转】设置为-9°,将【Y轴旋转】设置为-52°,如图12-18所示。

图 12-17

图 12-18

(13)选中"图片04.jpg"素材文件,右击,在弹出的快捷菜单中选择【蒙版】|【新建蒙版】命令,为素材添加【描边】特效,将【所有蒙版】设置为【开】,将【颜色】设置为白色,将【画笔大小】设置为50,如图12-19所示。

(14)将"图片05.jpg"素材文件添加至【时间轴】面板中,开启3D图层。将当前时间设置为0:00:00:00,将【变换】下的【锚点】设置为712、475、0,将【位置】设置为-95、931.3、0,将【缩放】均设置为43%,将【X轴旋转】设置为-31°,将【Y轴旋转】设置为-11°,将【Z轴旋转】设置为-10°,单击【X轴旋转】、【Y轴旋转】、【Z轴旋转】左侧的【时间变化秒表】按钮,如图12-20所示。

图 12-19

图 12-20

(15）将当前时间设置为 0:00:07:04，将【X 轴旋转】设置为 -2°，将【Y 轴旋转】设置为 -87.4°，将【Z 轴旋转】设置为 10°，如图 12-21 所示。

(16）选中"图片 05.jpg"素材文件，右击，在弹出的快捷菜单中选择【蒙版】|【新建蒙版】命令，为素材添加【描边】特效，将【所有蒙版】设置为【开】，将【颜色】设置为白色，将【画笔大小】设置为 50，如图 12-22 所示。

图 12-21

图 12-22

(17）将"图片 03.jpg"素材文件添加至【时间轴】面板中，开启 3D 图层。将当前时间设置为 0:00:00:15，将【变换】下的【锚点】设置为 936、624、0，将【位置】设置为 920、540、0，将【缩放】均设置为 75%，将【X 轴旋转】设置为 -11°，将【Y 轴旋转】设置为 -12°，将【Z 轴旋转】设置为 0°，单击【X 轴旋转】、【Y 轴旋转】左侧的【时间变化秒表】按钮，如图 12-23 所示。

(18）将当前时间设置为 0:00:07:04，将【X 轴旋转】设置为 -26°，将【Y 轴旋转】设置为 -25°，如图 12-24 所示。

图 12-23

图 12-24

（19）选中"图片03.jpg"素材文件，右击，在弹出的快捷菜单中选择【蒙版】|【新建蒙版】命令，为素材添加【描边】特效，将【所有蒙版】设置为【开】，将【颜色】设置为白色，将【画笔大小】设置为30，如图12-25所示。

（20）将"礼帽抛入空中转场.mov"素材文件添加至【时间轴】面板中，在【合成】面板中查看效果，如图12-26所示。

图 12-25

图 12-26

（21）在【时间轴】面板的空白处右击，在弹出的快捷菜单中选择【新建】|【摄像机】命令，弹出【摄像机设置】对话框，选中【启用景深】复选框，将【焦距】设置为658.52毫米，选中【锁定到缩放】复选框，将【光圈】、【光圈大小】、【模糊层次】分别设置为105.83毫米、0.3、100%，如图12-27所示。

（22）单击【确定】按钮，在【时间轴】面板中将【变换】下的【位置】设置为1873.3、718.7、-1618.1，如图12-28所示。

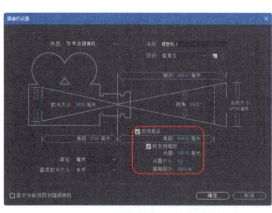

图 12-27

图 12-28

（23）在【时间轴】面板的空白处右击，在弹出的快捷菜单中选择【新建】|【纯色】命令，弹出【纯色设置】对话框，将【名称】设置为"白色1"，将【宽度】、【高度】分别设置为1920像素、1080像素，将【像素长宽比】设置为【方形像素】，将【颜色】设置为白色，如图12-29所示。

(24)单击【确定】按钮,开启 3D 图层。将当前时间设置为 0:00:00:00,将【变换】下的【锚点】设置为 0、0、0,将【位置】设置为 0、0、0,将【X 轴旋转】设置为 -1.5°,将【Y 轴旋转】设置为 -9.3°,单击【X 轴旋转】、【Y 轴旋转】左侧的【时间变化秒表】按钮，将【不透明度】设置为 0,如图 12-30 所示。

图 12-29

图 12-30

(25)将当前时间设置为 0:00:06:01,将【X 轴旋转】设置为 4°,将【Y 轴旋转】设置为 7°,选中 0:00:06:01 的【X 轴旋转】、【Y 轴旋转】的关键帧,按 F9 键将关键帧转换为缓动,如图 12-31 所示。

(26)新建一个纯色图层,将【名称】设置为"白色 2",将【宽度】、【高度】分别设置为 1920 像素、1080 像素,将【像素长宽比】设置为【方形像素】,将【颜色】设置为白色,开启 3D 图层,将当前时间设置为 0:00:00:00,将【变换】下的【锚点】设置为 0、0、0,将【位置】设置为 960、540、0,单击【位置】左侧的【时间变化秒表】按钮，将【X 轴旋转】设置为 8°,将【Y 轴旋转】设置为 -20°,单击【X 轴旋转】、【Y 轴旋转】左侧的【时间变化秒表】按钮，将【不透明度】设置为 0,如图 12-32 所示。

图 12-31

图 12-32

(27) 将当前时间设置为 0:00:02:03，单击【位置】左侧的【在当前时间添加或移除关键帧】按钮，将【X轴旋转】设置为 0°，将【Y轴旋转】设置为 0°，如图 12-33 所示。

(28) 将当前时间设置为 0:00:05:01，单击【位置】、【X轴旋转】、【Y轴旋转】左侧的【在当前时间添加或移除关键帧】按钮，如图 12-34 所示。

图 12-33　　　　　　　　　图 12-34

(29) 将当前时间设置为 0:00:07:01，将【位置】设置为 960、256.5、120.3，将【X轴旋转】设置为 -23°，将【Y轴旋转】设置为 -16°，如图 12-35 所示。

(30) 选择除 0:00:02:03【位置】关键帧之外的关键帧，按 F9 键将关键帧转换为缓动，如图 12-36 所示。

图 12-35　　　　　　　　　图 12-36

(31) 展开"图片 03.jpg"图层，单击【蒙版】|【蒙版 1】下方的【形状】按钮，弹出【蒙版形状】对话框，将【顶部】、【底部】分别设置为 124 像素、1124 像素，将【左侧】、【右侧】分别设置为 186 像素、1686 像素，如图 12-37 所示。

(32) 单击【确定】按钮，将当前时间设置为 0:00:00:00，将"摄像机 1"图层的【父级和链接】设置为【2.白色 1】，将"白色 1"图层的【父级和链接】设置为【1.白色 2】，如图 12-38 所示。

图 12-37

图 12-38

案例精讲 117　制作转场动画 2

本案例将讲解如何制作转场动画 2，其具体操作步骤如下。

（1）新建一个名为"转场动画 2"的合成，将【项目】面板中的"白色 1"图层拖曳至【时间轴】面板中，将【项目】面板中的"图片 07.jpg"素材文件拖曳至【时间轴】面板中，将【不透明度】设置为 70%，如图 12-39 所示。

（2）在【效果和预设】面板中搜索【动态拼贴】特效，为"图片 07.jpg"图层添加特效，在【时间轴】面板中将【动态拼贴】选项组中的【拼贴中心】设置为 960、540，将【输出宽度】、【输出高度】均设置为 300，将【镜像边缘】设置为【开】，如图 12-40 所示。

图 12-39

图 12-40

（3）将【项目】面板中的"花 .mp4"素材文件拖曳至【时间轴】面板中，将【不透明度】设置为 60%，将【模式】设置为【柔光】，如图 12-41 所示。

(4)将"图片08.jpg"素材文件添加至【时间轴】面板中,开启3D图层。将当前时间设置为0:00:00:00,将【变换】下的【锚点】设置为806.5、537.5、0,将【位置】设置为471.7、829.2、−700.3,将【缩放】均设置为18.8%,将【X轴旋转】设置为−11°,将【Y轴旋转】设置为−12°,将【Z轴旋转】设置为17°,单击【X轴旋转】、【Y轴旋转】左侧的【时间变化秒表】按钮 ◎ ,如图12-42所示。

图 12-41

图 12-42

(5)将当前时间设置为0:00:06:29,将【X轴旋转】设置为−26°,将【Y轴旋转】设置为−32°,如图12-43所示。

(6)选中"图片08.jpg"素材文件,右击,在弹出的快捷菜单中选择【蒙版】|【新建蒙版】命令,为素材添加【描边】特效,将【所有蒙版】设置为【开】,将【颜色】设置为白色,将【画笔大小】设置为50,如图12-44所示。

图 12-43

图 12-44

(7）将"图片09.jpg"素材文件添加至【时间轴】面板中，开启3D图层。将当前时间设置为0:00:00:00，将【变换】下的【锚点】设置为960、540、0，将【位置】设置为1690.9、-149.4、884.1，将【缩放】均设置为12.8%，将【X轴旋转】设置为-11°，将【Y轴旋转】设置为-12°，将【Z轴旋转】设置为-8°，单击【Z轴旋转】左侧的【时间变化秒表】按钮 ，如图12-45所示。

（8）将当前时间设置为0:00:06:29，将【Z轴旋转】设置为15°，如图12-46所示。

图 12-45　　　　　　　　　　图 12-46

（9）选中"图片09.jpg"素材文件，右击，在弹出的快捷菜单中选择【蒙版】|【新建蒙版】命令，为素材添加【描边】特效，将【所有蒙版】设置为【开】，将【颜色】设置为白色，将【画笔大小】设置为50，如图12-47所示。

（10）将"图片10.jpg"添加至【时间轴】面板中，开启3D图层。将当前时间设置为0:00:00:00，将【变换】下的【锚点】设置为1500、1000、0，将【位置】设置为2188.9、1768.4、2777.2，将【缩放】均设置为62%，将【X轴旋转】设置为6°，并单击其左侧的【时间变化秒表】按钮 ，将【Y轴旋转】设置为32°，将【Z轴旋转】设置为0°，如图12-48所示。

图 12-47　　　　　　　　　　图 12-48

(11)将当前时间设置为 0:00:06:29,将【X 轴旋转】设置为 -31°,如图 12-49 所示。

(12)选中"图片 10.jpg"素材文件,右击,在弹出的快捷菜单中选择【蒙版】|【新建蒙版】命令,为素材添加【描边】特效,将【所有蒙版】设置为【开】,将【颜色】设置为白色,将【画笔大小】设置为 50,如图 12-50 所示。

图 12-49　　　　　　　　　　　图 12-50

(13)将"图片 07.jpg"添加至【时间轴】面板中,开启 3D 图层。将当前时间设置为 0:00:00:00,将【变换】下的【锚点】设置为 960、640、0,将【位置】设置为 960、540、0,将【缩放】均设置为 45.2%,将【X 轴旋转】设置为 -3°,将【Y 轴旋转】设置为 2°,将【Z 轴旋转】设置为 0°,单击【X 轴旋转】、【Y 轴旋转】左侧的【时间变化秒表】按钮 ,如图 12-51 所示。

(14)将当前时间设置为 0:00:07:04,将【X 轴旋转】设置为 10°,将【Y 轴旋转】设置为 9°,如图 12-52 所示。

图 12-51　　　　　　　　　　　图 12-52

(15）选中"图片 07.jpg"素材文件，右击，在弹出的快捷菜单中选择【蒙版】|【新建蒙版】命令，为素材添加【描边】特效，将【所有蒙版】设置为【开】，将【颜色】设置为白色，将【画笔大小】设置为 50，如图 12-53 所示。

（16）将"证书抛入空中转场 .mov"素材文件添加至【时间轴】面板中，查看效果，如图 12-54 所示。

图 12-53

图 12-54

（17）在【时间轴】面板的空白处右击，在弹出的快捷菜单中选择【新建】|【摄像机】命令，弹出【摄像机设置】对话框，选中【启用景深】复选框，将【焦距】设置为 658.52 毫米，选中【锁定到缩放】复选框，将【光圈】、【光圈大小】、【模糊层次】分别设置为 105.83 毫米、0.3、100%，如图 12-55 所示。

（18）单击【确定】按钮，将【变换】下的【位置】设置为 -9.4、1472.1、-1294.5，如图 12-56 所示。

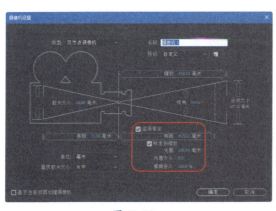
图 12-55

图 12-56

（19）将当前时间设置为 0:00:00:00，将"项目"面板中的【白色 1】图层添加至【时间轴】面板中，开启 3D 图层，将【锚点】设置为 0、0、0，将【位置】设置为 960、540、0，将【方向】设置为34°、22°、0,将【X轴旋转】、【Y轴旋转】、【Z轴旋转】均设置为0,单击【X轴旋转】、【Y轴旋转】左侧的【时间变化秒表】按钮◎,将【不透明度】设置为0,如图12-57所示。

(20)将当前时间设置为0:00:07:04,将【X轴旋转】设置为-8°,将【Y轴旋转】设置为-9°,如图12-58所示。

图 12-57

图 12-58

(21)将【项目】面板中的"白色2"图层添加至【时间轴】面板中,开启3D图层。将当前时间设置为0:00:00:00,将【变换】下的【锚点】设置为0、0、0,将【X轴旋转】设置为34°,将【Y轴旋转】设置为22°,单击【X轴旋转】、【Y轴旋转】左侧的【时间变化秒表】按钮◎,将【不透明度】设置为0,如图12-59所示。

(22)将当前时间设置为0:00:02:03,将【位置】设置为960、540、0,并单击其左侧的【时间变化秒表】按钮◎,将【X轴旋转】设置为0°,将【Y轴旋转】设置为0°,如图12-60所示。

图 12-59

图 12-60

(23)将当前时间设置为 0:00:05:00,单击【位置】、【X 轴旋转】、【Y 轴旋转】左侧的【在当前时间添加或移除关键帧】按钮,如图 12-61 所示。

(24)将当前时间设置为 0:00:06:28,将【X 轴旋转】设置为 12°,将【Y 轴旋转】设置为 -7°,如图 12-62 所示。

图 12-61　　　　　　　　　　　图 12-62

(25)选择"白色 2"图层的所有关键帧,按 F9 键将关键帧转换为缓动,如图 12-63 所示。

(26)将当前时间设置为 0:00:00:00,将"摄像机 1"图层的【父级和链接】设置为【2.白色 1】,将"白色 1"图层的【父级和链接】设置为【1.白色 2】,如图 12-64 所示。

图 12-63　　　　　　　　　　　图 12-64

案例精讲 118　制作其他转场

本案例将讲解如何制作其他转场,其具体操作步骤如下。

（1）选择"转场动画2"合成文件中的"白色1"图层、"花.mp4"图层，按Ctrl+C组合键进行复制，如图12-65所示。

（2）按Ctrl+N组合键，弹出【合成设置】对话框，将【合成名称】设置为"转场动画3"，将【宽度】和【高度】分别设置为1920px、1080px，将【帧速率】设置为30帧/秒，将【持续时间】设置为0:00:07:05，将【背景颜色】设置为黑色，如图12-66所示。

图 12-65

图 12-66

（3）单击【确定】按钮，按Ctrl+V组合键将复制的图层粘贴至【时间轴】面板中，将【项目】面板中的"图片11.jpg"素材文件拖曳至【时间轴】面板中，调整图层的顺序，将【不透明度】设置为85%，如图12-67所示。

（4）将"图片12.jpg"素材文件拖曳至【时间轴】面板中的顶层，开启3D图层，将【变换】下的【锚点】设置为2880、1920、0，将【位置】设置为478.7、64.4、-465，将【缩放】均设置为14.8%，将当前时间设置为0:00:00:00，将【X轴旋转】设置为9°，将【Y轴旋转】设置为-25°，将【Z轴旋转】设置为-16°，单击【X轴旋转】、【Y轴旋转】左侧的【时间变化秒表】按钮，如图12-68所示。

图 12-67

图 12-68

（5）将当前时间设置为0:00:06:23，将【X轴旋转】设置为28°，将【Y轴旋转】设置为-19°，如图12-69所示。

（6）选中"图片12.jpg"素材文件，右击，在弹出的快捷菜单中选择【蒙版】|【新建蒙版】命令，为素材添加【描边】特效，将【所有蒙版】设置为【开】，将【颜色】设置为白色，将【画笔大小】设置为102.8，如图12-70所示。

图 12-69

图 12-70

（7）将"图片13.jpg"素材文件添加至【时间轴】面板中，开启3D图层模式。将当前时间设置为0:00:00:00，将【变换】下的【锚点】设置为960、593.5、0，将【位置】设置为1667.5、508、749.1，将【缩放】均设置为41.8%，将【X轴旋转】设置为-11°，将【Y轴旋转】设置为25°，将【Z轴旋转】设置为-8°，单击【X轴旋转】、【Y轴旋转】、【Z轴旋转】左侧的【时间变化秒表】按钮，如图12-71所示。

（8）将当前时间设置为0:00:06:23，将【X轴旋转】设置为28°，将【Y轴旋转】设置为-6°，将【Z轴旋转】设置为14°，如图12-72所示。

图 12-71

图 12-72

(9）选中"图片13.jpg"素材文件，右击，在弹出的快捷菜单中选择【蒙版】|【新建蒙版】命令，为素材添加【描边】特效，将【所有蒙版】设置为【开】，将【颜色】设置为白色，将【画笔大小】设置为50，如图12-73所示。

（10）将"图片14.jpg"添加至【时间轴】面板中，开启3D图层。将当前时间设置为0:00:00:00，将【变换】下的【锚点】设置为960、540、0，将【位置】设置为-1356.1、855.5、2447.2，将【缩放】均设置为29.4%，将【X轴旋转】设置为6°，将【Y轴旋转】设置为-16°，将【Z轴旋转】设置为-12°，单击【Y轴旋转】、【Z轴旋转】左侧的【时间变化秒表】按钮，如图12-74所示。

图 12-73

图 12-74

（11）将当前时间设置为0:00:06:23，将【Y轴旋转】设置为-29°，将【Z轴旋转】设置为8°，如图12-75所示。

（12）选中"图片14.jpg"素材文件，右击，在弹出的快捷菜单中选择【蒙版】|【新建蒙版】命令，为素材添加【描边】特效，将【所有蒙版】设置为【开】，将【颜色】设置为白色，将【画笔大小】设置为50，如图12-76所示。

图 12-75

图 12-76

(13)将"图片11.jpg"素材文件添加至【时间轴】面板中,开启3D图层模式。将当前时间设置为0:00:00:00,将【变换】下的【锚点】设置为960、640、0,将【位置】设置为960、540、0,将【缩放】均设置为63.2%,将【X轴旋转】设置为-3°,将【Y轴旋转】设置为2°,将【Z轴旋转】设置为0°,单击【X轴旋转】、【Y轴旋转】左侧的【时间变化秒表】按钮,如图12-77所示。

(14)将当前时间设置为0:00:06:27,将【X轴旋转】设置为7°,将【Y轴旋转】设置为-7°,如图12-78所示。

图 12-77

图 12-78

(15)选中"图片11.jpg"素材文件,右击,在弹出的快捷菜单中选择【蒙版】|【新建蒙版】命令,为素材添加【描边】特效,将【所有蒙版】设置为【开】,将【颜色】设置为白色,将【画笔大小】设置为50,如图12-79所示。

(16)使用前面介绍的方法制作"摄像机1"和其他纯色图层,并设置相应的参数,如图12-80所示。

图 12-79

图 12-80

（17）将【项目】面板中的"白色1"图层拖曳至【时间轴】面板中,在菜单栏中选择【效果】|【模糊和锐化】|【高斯模糊】特效,将当前时间设置为0:00:00:00,将【模糊度】设置为200,单击其左侧的【时间变化秒表】按钮,将【重复边缘像素】设置为【开】,单击【调整图层】按钮,如图12-81所示。

（18）将当前时间设置为0:00:01:14,将【模糊度】设置为0,如图12-82所示。

图 12-81

图 12-82

（19）将当前时间设置为0:00:05:00,单击【模糊度】左侧的【在当前时间添加或移除关键帧】按钮,如图12-83所示。

（20）将当前时间设置为0:00:07:00,将【模糊度】设置为400,选择【模糊度】的所有关键帧,按F9键将关键帧转换为缓动,如图12-84所示。

图 12-83

图 12-84

（21）将当前时间设置为 0:00:00:00，将"摄像机 1"图层的【父级和链接】设置为【3. 白色 1】，将"白色 1"图层的【父级和链接】设置为【2. 白色 2】，如图 12-85 所示。

（22）根据前面介绍的方法制作"转场动画 4"合成文件，如图 12-86 所示。

图 12-85

图 12-86

案例精讲 119　制作结尾动画

本案例将讲解如何制作结尾动画，其具体操作步骤如下。

（1）按 Ctrl+N 组合键，弹出【合成设置】对话框，将【合成名称】设置为"结束动画"，将【宽度】、【高度】分别设置为 1920px、1080px，将【像素长宽比】设置为【方形像素】，将【帧速率】设置为 25 帧/秒，将【持续时间】设置为 0:00:11:05，将【背景颜色】设置为黑色，如图 12-87 所示。

（2）单击【确定】按钮，将【项目】面板中的"回忆录素材 05.mp4"素材文件拖曳至【时间轴】面板中，如图 12-88 所示。

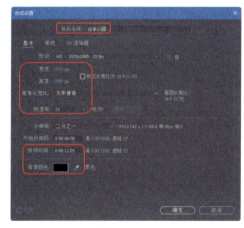

图 12-87

图 12-88

（3）在【项目】面板中将"回忆录素材04.png"素材文件拖曳至【时间轴】面板中，将【变换】下的【位置】设置为981、540，将【缩放】均设置为65%，如图12-89所示。

（4）为其添加【线性擦除】效果，将当前时间设置为0:00:00:17，将【过渡完成】设置为100%，单击其左侧的【时间变化秒表】按钮，将【擦除角度】、【羽化】分别设置为0、260，如图12-90所示。

图 12-89

图 12-90

（5）将当前时间设置为0:00:02:11，将【过渡完成】设置为0，如图12-91所示。

（6）将【项目】面板中的"回忆录素材03.mov"素材文件拖曳至【时间轴】面板中，将【变换】下的【位置】设置为994、469，将【缩放】均设置为128%，将【旋转】设置为90°，如图12-92所示。

图 12-91

图 12-92

案例精讲 120 合成青春回忆录

本案例将讲解如何合成青春回忆录，其具体操作步骤如下。

（1）按 Ctrl+N 组合键，弹出【合成设置】对话框，将【合成名称】设置为"青春回忆录"，将【宽度】和【高度】分别设置为 1920px、1080px，将【帧速率】设置为 30 帧 / 秒，将【持续时间】设置为 0:00:41:25，将【背景颜色】设置为黑色。将"开始动画"合成文件拖曳至【时间轴】面板中，将"转场动画 1"合成文件拖曳至【时间轴】面板中，将【入】设置为 0:00:04:23，将当前时间设置为 0:00:04:22，将【不透明度】设置为 0，单击其左侧的【时间变化秒表】按钮，将当前时间设置为 0:00:05:12，将【不透明度】设置为 100%，如图 12-93 所示。

（2）将"转场动画 2"合成文件拖曳至【时间轴】面板中，将【入】设置为 0:00:11:13，将当前时间设置为 0:00:11:11，将【不透明度】设置为 0，单击其左侧的【时间变化秒表】按钮，将当前时间设置为 0:00:12:01，将【不透明度】设置为 100%，如图 12-94 所示。

图 12-93

图 12-94

（3）将"转场动画 3"合成文件拖曳至【时间轴】面板中，将【入】设置为 0:00:17:21，将当前时间设置为 0:00:17:21，将【不透明度】设置为 0，单击其左侧的【时间变化秒表】按钮，将当前时间设置为 0:00:18:11，将【不透明度】设置为 100%，如图 12-95 所示。

（4）将"转场动画 4"合成文件拖曳至【时间轴】面板中，将【入】设置为 0:00:24:08，如图 12-96 所示。

（5）将当前时间设置为 0:00:31:12，按 Alt+] 组合键将时间线右侧的内容删除，如图 12-97 所示。

（6）将当前时间设置为 0:00:24:09，将【不透明度】设置为 0，单击其左侧的【时间变化秒表】按钮，将当前时间设置为 0:00:24:29，将【不透明度】设置为 100%，如图 12-98 所示。

图 12-95

图 12-96

图 12-97

图 12-98

（7）将"结束动画"合成文件拖曳至【时间轴】面板中，将【入】设置为 0:00:30:20，将当前时间设置为 0:00:30:19，将【不透明度】设置为 0，单击其左侧的【时间变化秒表】按钮，将当前时间设置为 0:00:31:09，将【不透明度】设置为 100%，如图 12-99 所示。

（8）将"音频.wav"音频文件拖曳至【时间轴】面板中，如图 12-100 所示。

图 12-99

图 12-100

Chapter 13 制作城市宣传片

本章导读：

宣传片能非常有效地把企业形象提升到一个较高的层次，更好地把产品和服务展示给大众，诠释不同的文化理念，因此，宣传片已经成为形象宣传的重要工具之一。本章将介绍城市宣传片的制作方法。

案例精讲 121　创建视频合成

本案例将讲解如何创建视频合成，具体操作步骤如下。

（1）按 Alt+Ctrl+N 组合键，新建一个空白项目，在【项目】面板中右击，在弹出的快捷菜单中选择【新建文件夹】命令，如图 13-1 所示。

（2）将新建的文件夹命名为"素材"。在【项目】面板中双击，在弹出的对话框中选择"西安 1.mp4"～"西安 9.mp4""背景音乐 .mp3"素材文件，单击【导入】按钮，即可将素材导入【项目】面板中，将素材拖曳至"素材"文件夹中，如图 13-2 所示。

图 13-1

图 13-2

（3）按 Ctrl+N 组合键，弹出【合成设置】对话框，将【合成名称】设置为"西安 1"，将【宽度】和【高度】分别设置为 3840px、2667px，将【帧速率】设置为 30 帧 / 秒，将【持续时间】设置为 0:00:08:00，将【背景颜色】设置为黑色，如图 13-3 所示。

（4）单击【确定】按钮，将"西安 1.mp4"拖曳至【时间轴】面板中，将【位置】设置为 1896、1330，将【缩放】均设置为 247%，如图 13-4 所示。

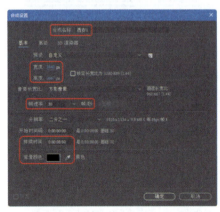
图 13-3

图 13-4

（5）单击时间轴左下角的 按钮，将【入】设置为 –0:00:01:21，将【持续时间】设置为 0:00:08:00，如图 13-5 所示。

（6）按Ctrl+N组合键，弹出【合成设置】对话框，将【合成名称】设置为"西安2"，将【宽度】和【高度】分别设置为3840px、2160px，将【持续时间】设置为0:00:05:00，单击【确定】按钮，将"西安2.mp4"拖曳至【时间轴】面板中，将【位置】设置为1920、1333.5，将【缩放】均设置为246%，如图13-6所示。

图13-5

图13-6

（7）使用同样的方法，制作"西安3"~"西安8"合成文件，如图13-7所示。

（8）在【项目】面板中新建一个文件夹，将其命名为"西安"，将"西安1"~"西安8"合成文件拖曳至文件夹中，如图13-8所示。

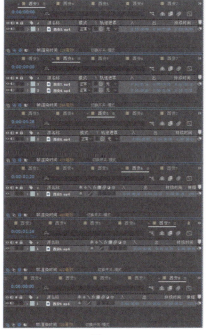

图13-7

图13-8

案例精讲 122　创建过渡动画

本案例讲解如何创建过渡动画，具体操作步骤如下。

（1）按 Ctrl+N 组合键，弹出【合成设置】对话框，将【名称】设置为"过渡动画1"，将【宽度】和【高度】分别设置为12500px、4500px，将【持续时间】设置为0:00:06:15，将【背景颜色】设置为白色，如图13-9所示。

（2）单击【确定】按钮，将"西安1"合成文件拖曳至【时间轴】面板中，确认【入】为0:00:00:00，将【持续时间】设置为0:00:08:00，如图13-10所示。

图 13-9

图 13-10

（3）开启【运动模糊】和【3D图层】，将当前时间设置为0:00:01:09，展开【变换】选项组，将【位置】设置为7210、2674、0，单击【缩放】右侧的【约束比例】按钮，将【缩放】设置为50%、50%、100%，单击【缩放】左侧的【时间变化秒表】按钮，如图13-11所示。

（4）将当前时间设置为0:00:06:14，将【缩放】设置为59%、59%、100%，如图13-12所示。

图 13-11

图 13-12

（5）在【效果和预设】面板中搜索【动态拼贴】特效，双击该特效，在【效果】选项组中将【拼贴中心】设置为1920、1333.5，将当前时间设置为0:00:01:09，将【输出高度】设置为400，单击其左侧的按钮，如图13-13所示。

（6）将当前时间设置为0:00:01:10，将【输出高度】设置为100，如图13-14所示。

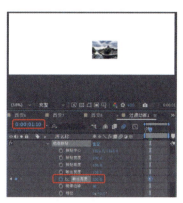

图 13-13　　　　　　　　　　　　图 13-14

（7）再次将"西安1"合成文件拖曳至【时间轴】面板中，开启【运动模糊】和【3D图层】，将【位置】设置为7210、2674、0，将【缩放】均设置为50%，如图13-15所示。

（8）为合成文件添加【动态拼贴】特效，将【拼贴中心】设置为1920、1333.5，将当前时间设置为0:00:01:09，将【输出高度】设置为600，单击其左侧的 按钮，如图13-16所示。

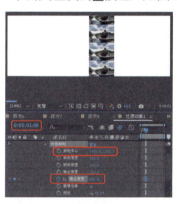

图 13-15　　　　　　　　　　　　图 13-16

（9）将当前时间设置为0:00:01:10，将【输出高度】设置为100，如图13-17所示。

（10）将"西安3"合成文件拖曳至【时间轴】面板中，将【入】设置为0:00:01:09，将【持续时间】设置为0:00.08.00，如图13-18所示。

图 13-17　　　　　　　　　　　　图 13-18

(11）开启【运动模糊】和【3D图层】，将当前时间设置为0:00:01:09，将【位置】设置为7210、1583.5、0，将【缩放】设置为60%、60%、100%，单击其左侧的【时间变化秒表】按钮，如图13-19所示。

（12）将当前时间设置为0:00:06:14，将【缩放】设置为50%、50%、100%，如图13-20所示。

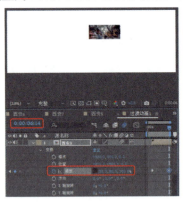

图13-19　　　　　　　　　　图13-20

（13）使用同样的方法，将"西安3"和"西安2"依次拖入【时间轴】面板中，并设置参数，如图13-21所示。

（14）在【时间轴】面板的空白处右击，在弹出的快捷菜单中选择【新建】|【形状图层】命令，新建"形状图层1"图层，并将其拖至【时间轴】面板中，将【入】设置为0:00:01:09，将【持续时间】设置为0:00:02:08，如图13-22所示。

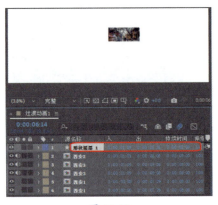

图13-21　　　　　　　　　　图13-22

（15）在【变换】选项组中，将【锚点】设置为1548、-2，将【位置】设置为6250.5、2246.5，将【缩放】设置为62.5%、127.8%，如图13-23所示。

（16）在【工具】面板中单击【矩形工具】按钮，绘制一个矩形，将【矩形路径1】选项组中的【大小】设置为3084、1728，将【描边1】选项组中的【描边宽度】设置为100，如图13-24所示。

（17）将【填充1】选项组中的【颜色】设置为#FC5151，将【变换:矩形1】选项组中的【位置】设置为6、-2，如图13-25所示。

（18）将【项目】面板中的"西安4"合成文件拖曳至【时间轴】面板中，开启【运动模糊】

和【3D图层】，将【入】设置为0:00:02:15，如图13-26所示。

图13-23　　　　　　　　　　　图13-24

图13-25　　　　　　　　　　　图13-26

（19）将【变换】下的【位置】设置为2372、2250、0，将【缩放】均设置为102%，如图13-27所示。

（20）为"西安4"添加【动态拼贴】特效，将当前时间设置为0:00:04:10，单击【输出高度】左侧的【时间变化秒表】按钮，将当前时间设置为0:00:04:11，将【输出高度】设置为600，如图13-28所示。

图13-27　　　　　　　　　　　图13-28

（21）将"西安4"复制一层，为其添加【梯度渐变】特效，将【渐变起点】设置为600、365.4，将【起始颜色】设置为#F857A6，将【渐变终点】设置为3270、2155.4，将【结束颜色】设置为#FF83C0，将【渐变形状】设置为【径向渐变】，将【渐变散射】设置为100，将【与原始图像混合】设置为0，如图13-29所示。

（22）将复制后的"西安4"的【不透明度】设置为80%，设置图层的轨道遮罩，如图13-30所示。

 提示：
按T键可单独显示【不透明度】参数栏。

图 13-29　　　　　　　　　图 13-30

（23）按Ctrl+N组合键，弹出【合成设置】对话框，将【名称】设置为"过渡动画2"，将【宽度】和【高度】分别设置为3840px、2323px，将【分辨率】设置为【二分之一】，将【持续时间】设置为0:00:06:15，单击【确定】按钮。将"西安5"合成文件拖曳至【时间轴】面板中，开启【运动模糊】和【3D图层】，将【位置】设置为964、629.5、0，将【缩放】均设置为50%，如图13-31所示。

（24）在【效果和预设】面板中搜索【动态拼贴】特效，双击该特效，为"过滤动画2"添加该特效。将【动态拼贴】选项组中的【输出宽度】和【输出高度】均设置为300，将【镜像边缘】设置为【开】，如图13-32所示。

 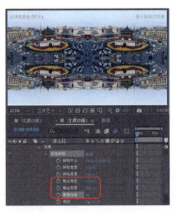

图 13-31　　　　　　　　　图 13-32

第 13 章 制作城市宣传片

案例精讲 123　创建文字动画

本案例讲解如何创建文字动画，具体操作步骤如下。

（1）按 Ctrl+N 组合键，弹出【合成设置】对话框，将【名称】设置为"文本01"，将【宽度】和【高度】分别设置为 4500px、550px，将【分辨率】设置为【二分之一】，将【持续时间】设置为 0:00:05:00，将【背景颜色】设置为黑色，如图 13-33 所示。

（2）单击【确定】按钮，使用【横排文字工具】输入文本"遇见最美的城市"，将【字体】设置为【Adobe 黑体 Std】，将【字体大小】设置为 68 像素，【字符间距】设置为 200，在【段落】面板中单击【居中对齐文本】按钮，如图 13-34 所示。

图 13-33

图 13-34

（3）开启【运动模糊】和【3D 图层】，在【变换】选项组中将【锚点】设置为 1.6、–24、0，将【位置】设置为 2250、275、0，将【缩放】均设置为 600%，如图 13-35 所示。

（4）为文本添加【填充】特效，将【颜色】设置为 #EF6A6A，如图 13-36 所示。

图 13-35

图 13-36

（5）展开【文本】|【更多选项】选项组，单击 动画: 按钮，在弹出的菜单中选择【启用逐字 3D 化】命令，如图 13-37 所示。

（6）再次单击 动画 按钮，在弹出的菜单中分别选择【位置】、【缩放】和【不透明度】命令，将【位置】设置为 -492、0、0，将【缩放】设置为 100%、100%、74.1%，如图 13-38 所示。

图 13-37

图 13-38

（7）展开【范围选择器 1】|【高级】选项组，将【单位】设置为【索引】，将【形状】设置为【下斜坡】，将【缓和高】和【缓和低】分别设置为 0、50%，如图 13-39 所示。

（8）展开【动画制作工具 1】|【范围选择器 1】选项组，确定当前时间为 0:00:00:00，将【起始】设置为 7，将【结束】设置为 0，将【偏移】设置为 4，单击其左侧的【时间变化秒表】按钮 ，如图 13-40 所示。

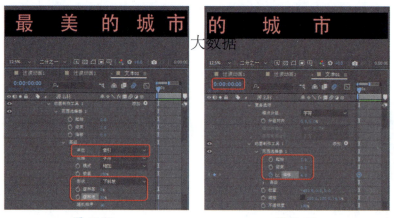

图 13-39　　　　　　　　　　图 13-40

（9）选择【时间轴】面板右侧的关键帧，右击，在弹出的快捷菜单中选择【关键帧辅助】|【缓动】命令，将当前时间设置为 0:00:01:16，将【偏移】设置为 -7，如图 13-41 所示。

 提示：
每添加一种控制器，都会在【动画】属性组中添加一个【范围控制器】选项。

（10）使用同样的方法制作"文本 02"合成文件，如图 13-42 所示。

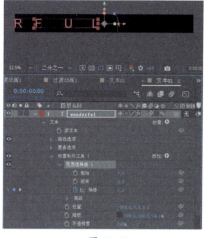

图 13-41　　　　　　　　　　图 13-42

（11）按 Ctrl+N 组合键，弹出【合成设置】对话框，将【名称】设置为"文本 03"，将【宽度】和【高度】分别设置为 3500px、350px，将【分辨率】设置为【二分之一】，将【持续时间】设置为 0:00:05:00，将【背景颜色】设置为黑色，如图 13-43 所示。

（12）单击【确定】按钮，使用【横排文字工具】输入文本"西安钟楼"，将【字体】设置为【华文新魏】，将【字体大小】设置为 12 像素，将【字符间距】设置为 0，将【颜色】设置为白色，在【段落】面板中单击【居中对齐文本】按钮，如图 13-44 所示。

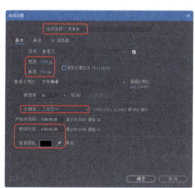

图 13-43　　　　　　　　　　图 13-44

（13）开启【运动模糊】和【3D 图层】，在【变换】选项组中将【锚点】设置为 -0.2、-4.2、0，将【位置】设置为 1750、176、0，将【缩放】设置为 2500、2457.6、119.9，如图 13-45 所示。

（14）单击 动画: 按钮，在弹出的菜单中选择【启用逐字 3D 化】命令，如图 13-46 所示。

（15）再次单击 动画: 按钮，在弹出的菜单中选择【全部变换属性】命令，将【位置】设置为 0、-190、0，如图 13-47 所示。

（16）展开【范围选择器 1】|【高级】选项组，将【形状】设置为【上斜坡】，将【缓和高】和【缓和低】分别设置为 0、100%，将【随机排序】设置为【开】，如图 13-48 所示。

图 13-45

图 13-46

图 13-47

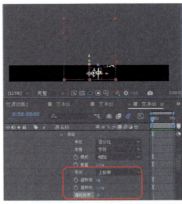
图 13-48

 知识链接：【范围选择器1】中部分参数的含义

- 【起始】、【结束】：用于设置该控制器的有效起始或结束范围。
- 【偏移】：用于设置有效范围的偏移量。
- 【单位】、【依据】：这两个参数用于控制有效范围内的动画单位。前者以字母为单位；后者以词组为单位。
- 【模式】：用于设置有效范围与原文本之间的交互模式。
- 【数量】：用于设置属性控制文本的程度。值越大，影响的程度就越大。
- 【形状】：用于设置有效范围内字符排列的形状模式，包括【矩形】、【上倾斜】、【三角形】等6种形状。
- 【缓和高】、【缓和低】：用于控制文本动画过渡柔和最高和最低点的速率。
- 【随机顺序】：用于设置有效范围添加在其他区域的随机性。随着随机数值的变化，有效范围在其他区域的效果也在不断变化。

（17）展开【动画制作工具1】|【范围选择器1】选项组，确定当前时间为0:00:00:00，将【偏移】设置为-100%，单击【偏移】左侧的【时间变化秒表】按钮，如图13-49所示。

（18）在【时间轴】面板右侧选择关键帧，右击，在弹出的快捷菜单中选择【关键帧辅助】|

【缓动】命令，将当前时间设置为 0:00:01:19，将【偏移】设置为 100%，如图 13-50 所示。

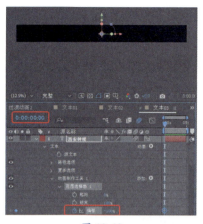 

图 13-49　　　　　　　　　　　图 13-50

（19）选中文本图层，再次单击 动画: ▶ 按钮，在弹出的下拉菜单中选择【字符间距】命令，将当前时间设置为 0:00:01:05，将【动画制作工具 2】选项组中的【字符间距大小】设置为 8，单击其左侧的【时间变化秒表】按钮，如图 13-51 所示。

（20）在【时间轴】面板的右侧选择关键帧，右击，在弹出的快捷菜单中选择【关键帧辅助】|【缓动】命令，将当前时间设置为 0:00:02:03，将【字符间距大小】设置为 30，如图 13-52 所示。

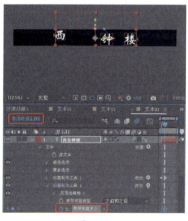 

图 13-51　　　　　　　　　　　图 13-52

（21）使用同样的方法制作"文本 04""文本 05""标题文本""古城西安"合成文件，如图 13-53 所示。

图 13-53

案例精讲 124　创建宣传片动画

本案例将讲解如何创建宣传片动画，具体操作步骤如下。

（1）在【项目】面板中单击【新建合成】按钮，在弹出的【合成设置】对话框中将【合成名称】设置为"宣传片动画"，将【宽度】、【高度】分别设置为 3840 像素、2160 像素，将【像素长宽比】设置为【方形像素】，将【帧速率】设置为 30 帧/秒，将【分辨率】设置为【二分之一】，将【持续时间】设置为 0:00:16:00，将【背景颜色】的 RGB 值设置为 0、0、0，如图 13-54 所示。

（2）设置完成后，单击【确定】按钮，将"过渡动画 1"合成文件拖曳至【时间轴】面板中，将【入】设置为 0:00:00:00，将【持续时间】设置为 0:00:06:15，如图 13-55 所示。

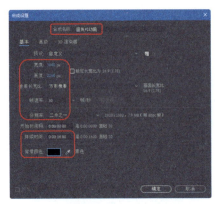

图 13-54

图 13-55

（3）单击【对于合成图层】按钮和【3D 图层】按钮，将【位置】设置为 -13.2、6394.7、0，将【缩放】均设置为 202%，如图 13-56 所示。

（4）在【时间轴】面板中右击，在弹出的快捷菜单中选择【新建】|【形状图层】命令，将【入】设置为 0:00:00:00，将【持续时间】设置为 0:00:03:12，如图 13-57 所示。

图 13-56

图 13-57

（5）展开【变换】选项组，将【锚点】设置为 -2、8，将【位置】设置为 1920、7423，将【缩放】均设置为 90%，将【不透明度】设置为 75%，如图 13-58 所示。

280

(6）使用【矩形工具】绘制矩形，展开【内容】|【矩形 1】|【矩形路径 1】选项组，将【大小】设置为 2124、370，如图 13-59 所示。

图 13-58

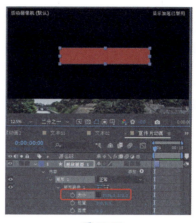
图 13-59

（7）展开【变换：矩形 1】选项组，将【位置】设置为 -2、8，如图 13-60 所示。

（8）为形状图形添加【填充】特效，将【颜色】的 RGB 值设置为 255、255、255，如图 13-61 所示。

图 13-60

图 13-61

（9）将"文本 01"合成文件添加至【时间轴】面板中，将【当前时间】设置为 0:00:03:12，按 Alt+] 组合键，将时间滑块的结尾处与时间线对齐，如图 13-62 所示。

（10）单击【对于合成图层】按钮和【3D 图层】按钮，将【变换】选项组中的【位置】设置为 1931.7、7426.4、0，将【缩放】均设置为 50%，如图 13-63 所示。

（11）为文本对象添加【梯度渐变】特效，将当前时间设置为 0:00:01:07，将【渐变起点】设置为 1632、920，将【起始颜色】设置为 #309BFA，将【渐变终点】设置为 2406.8、1130.6，将【结束颜色】设置为 #00F2FE，将【渐变形状】设置为【径向渐变】，单击【渐变起点】和【渐变终点】左侧的【时间变化秒表】按钮，选择关键帧，按 F9 键将其转换为缓动帧，如图 13-64 所示。

(12)将当前时间设置为 0:00:02:09，将【渐变起点】设置为 2756、1432，将【渐变终点】设置为 3338.8、1642.6，如图 13-65 所示。

图 13-62

图 13-63

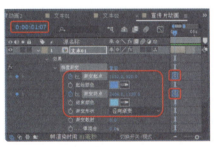

图 13-64

图 13-65

(13)复制形状图层，将复制的图层移动至"文本 01"的上方，如图 13-66 所示。

(14)在【时间轴】面板中右击，在弹出的快捷菜单中选择【新建】|【纯色】命令，弹出【纯色设置】对话框，将【名称】设置为"白色 1"，将【宽度】和【高度】均设置为 100 像素，将【单位】设置为【像素】，将【像素长宽比】设置为【方形像素】，将【颜色】设置为白色，单击【确定】按钮，如图 13-67 所示。

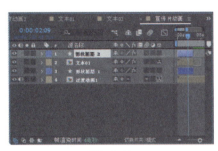

图 13-66

图 13-67

> 提示：
> 纯色层是一个单一颜色的静态层，主要用于制作蒙版、添加特效或合成的动态背景。

（15）将【入】设置为0:00:00:00，将【持续时间】设置为0:00:03:12，如图13-68所示。

（16）开启【3D图层】，将当前时间设置为0:00:00:00，将【锚点】设置为50、50、0，将【位置】设置为1896、6410、0，单击【位置】左侧的【时间变化秒表】按钮，如图13-69所示。

图 13-68

图 13-69

（17）将当前时间设置为0:00:01:07，将【位置】设置为1896、59、0，将【缩放】均设置为100%，单击【缩放】左侧的【时间变化秒表】按钮，如图13-70所示。

（18）将当前时间设置为0:00:02:15，将【位置】设置为2877、1076、0，将【缩放】均设置为50%，如图13-71所示。

图 13-70

图 13-71

（19）选择所有的帧，按F9键将其转换为缓动帧，如图13-72所示。

（20）在【时间轴】面板中右击，在弹出的快捷菜单中选择【新建】|【纯色】命令，弹出【纯色设置】对话框，将【名称】设置为"白色2"，将【宽度】和【高度】设置为3840像素、2160像素，将【单位】设置为【像素】，将【像素长宽比】设置为【方形像素】，单击【确定】按钮，如图13-73所示。

图 13-72

图 13-73

（21）将【入】设置为0:00:00:00，将【持续时间】设置为0:00:00:28，如图13-74所示。

（22）将当前时间设置为0:00:00:00，将【位置】设置为1920、1080，将【不透明度】设置为100%，单击其左侧的【时间变化秒表】按钮，如图13-75所示。

图 13-74　　　　　　　　　　　图 13-75

（23）将当前时间设置为0:00:00:27，将【不透明度】设置为0，如图13-76所示。

（24）在【时间轴】面板中右击，在弹出的快捷菜单中选择【新建】|【纯色】命令，弹出【纯色设置】对话框，将【名称】设置为"白色3"，将【宽度】和【高度】均设置为100像素，将【单位】设置为【像素】，将【像素长宽比】设置为【方形像素】，单击【确定】按钮，如图13-77所示。

图 13-76　　　　　　　　　　　图 13-77

（25）将【入】设置为0:00:02:12，将【持续时间】设置为0:00:01:10，如图13-78所示。

（26）将当前时间设置为0:00:02:12，将【锚点】设置为50、50，将【位置】设置为2877、1076，单击其左侧的【时间变化秒表】按钮，如图13-79所示。

 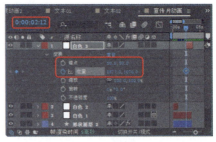

图 13-78　　　　　　　　　　　图 13-79

（27）将当前时间设置为0:00:03:21，将【位置】设置为6785、1076，选中所有的关键帧，按F9键将其转换为缓动帧，如图13-80所示。

（28）选择"白色1"和"白色3"图层，按T键，单独显示【不透明度】参数，将【不透明度】设置为0，如图13-81所示。

图13-80

图13-81

（29）使用同样的方法制作其他的图层文件，并设置【轨道遮罩】和【父级和链接】参数，如图13-82所示。

（30）将当前时间设置为0:00:01:24时即可发现画面没有铺满屏幕，如图13-83所示。

 提示：
　　指定父级对象后，子对象会发生相应的参数变化，用户可以拖动时间线预览效果。

图13-82

图13-83

（31）在【时间轴】面板中选择"白色1"图层，此时会出现动画的运动路径，选中中间的控制点，右击，在弹出的快捷菜单中选择【关键帧差值】命令，如图13-84所示。

 提示：
　　如果没有显示运动路径，可以单击【合成】面板中的【切换蒙版和形状路径可见性】按钮 。

（32）在弹出的对话框中将【空间插值】设置为【线性】，如图13-85所示。

图 13-84

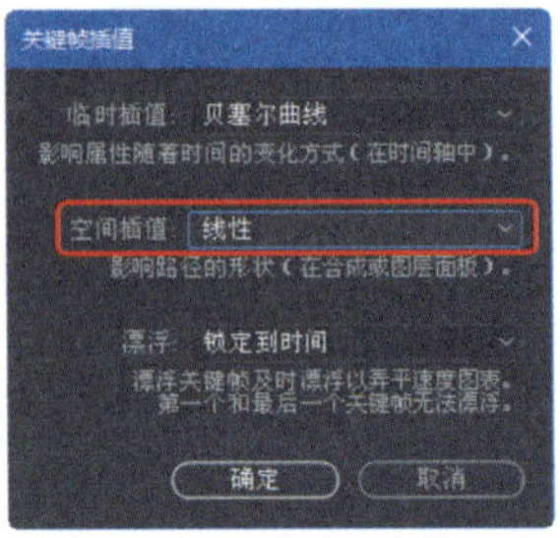

图 13-85

（33）单击【确定】按钮，即可完成调整，如图 13-86 所示。

> 提示：
> 若拖动时间线发现画面依然没有铺满屏幕，可以在选中关键帧后右击，在弹出的快捷菜单中选择【关键帧速度】命令，通过调整关键帧速度来控制动画。

图 13-86

案例精讲 125　制作光晕并嵌套合成

本案例将讲解如何制作光晕并嵌套合成，具体操作步骤如下。

（1）按 Ctrl+N 组合键，在弹出的对话框中将【名称】设置为"遮罩动画"，将【宽度】和【高度】分别设置为 1920px、1080px，将【像素长宽比】设置为【方形像素】，将【帧速率】设置为 30 帧/秒，将【分辨率】设置为【二分之一】，将【持续时间】设置为 0:01:15:00，将【背景颜色】设置为黑色，单击【确定】按钮。在【时间轴】面板中右击，在弹出的快捷菜单中选择【新建】|【调整图层】命令，将【入】设置为 0:00:00:00，将【持续时间】设置为 0:01:16:20，为图层添加【杂色】效果，将【杂色数量】设置为 3%，如图 13-87 所示。

> 提示：
> 调整图层用于对其下面所有图层进行效果调整，当该层应用某种效果时，只影响其下所有图层，而不影响其上的图层。

（2）单击【确定】按钮，在【时间轴】面板中右击，在弹出的快捷菜单中选择【新建】|【调整图层】命令，将【入】设置为 0:00:00:00，将【持续时间】设置为 0:01:16:20。为图层添加【曲线】、【亮度和对比度】和【锐化】效果，打开【效果控件】面板，设置曲线参数，展

开【亮度和对比度】选项组，将【亮度】和【对比度】分别设置为10、5，选中【使用旧版（支持HDR）】复选框，将【锐化】选项组中的【锐化量】设置为10，如图13-88所示。

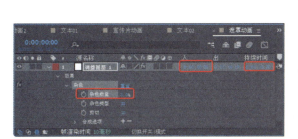
图 13-87

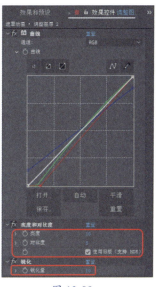
图 13-88

（3）在【时间轴】面板中右击，在弹出的快捷菜单中选择【新建】|【纯色】命令，将【名称】设置为"白色9"，将【宽度】和【高度】分别设置为1920像素、1080像素，单击【确定】按钮，如图13-89所示。

（4）为图层添加【填充】效果，将【颜色】设置为黑色，如图13-90所示。

图 13-89

图 13-90

（5）在图层上右击，在弹出的快捷菜单中选择【蒙版】|【新建蒙版】命令，如图13-91所示。

（6）将当前时间设置为0:00:00:00，将【蒙版1】设置为【相减】，单击【蒙版路径】左侧的【时间变化秒表】按钮，如图13-92所示。

图 13-91　　　　　　　　　　　　图 13-92

（7）将当前时间设置为 0:00:01:00，单击【蒙版路径】右侧的【形状】按钮，弹出【蒙版形状】对话框，将【顶部】设置为 80 像素，将【底部】设置为 1000 像素，单击【确定】按钮，在【合成】面板中单击【切换透明网格】按钮，如图 13-93 所示。

（8）将当前时间设置为 0:00:17:24，单击【蒙版路径】右侧的【形状】按钮，弹出【蒙版形状】对话框，将【顶部】设置为 100 像素，将【底部】设置为 980 像素，单击【确定】按钮，如图 13-94 所示。

> 提示：
> 在【形状】区域中可以修改当前蒙版的形状，可以将其改成矩形或椭圆。

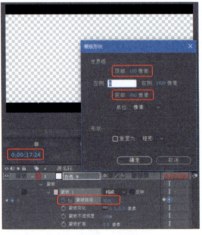

图 13-93　　　　　　　　　　　　图 13-94

（9）将当前时间设置为 0:00:31:01，单击【蒙版路径】右侧的【形状】按钮，弹出【蒙版形状】对话框，将【顶部】设置为 80 像素，将【底部】设置为 1000 像素，单击【确定】按钮，如图 13-95 所示。

（10）选择所有的关键帧，按 F9 键将其转换为缓动帧，如图 13-96 所示。

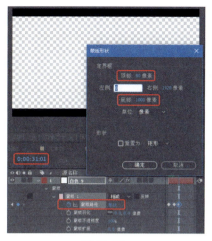

图 13-95

图 13-96

（11）使用同样的方法制作光晕动画，如图 13-97 所示。

（12）按 Ctrl+N 组合键，弹出【合成设置】对话框，将【合成名称】设置为"城市宣传片"，将【宽度】和【高度】分别设置为 3840px、2160px，将【像素长宽比】设置为【方形像素】，将【帧速率】设置为 30 帧 / 秒，将【分辨率】设置为【二分之一】，将【持续时间】设置为 0:00:16:00，将【背景颜色】设置为黑色，单击【确定】按钮，如图 13-98 所示。

图 13-97

图 13-98

（13）将"背景音乐 .mp3"拖曳至【时间轴】面板中，将当前时间设置为 0:00:13:11，将【音频电平】设置为 0 dB，单击其左侧的【时间变化秒表】按钮，如图 13-99 所示。

（14）将当前时间设置为 0:00:15:29，将【音频电平】设置为 -33 dB，如图 13-100 所示。

（15）将"宣传片动画"拖曳至【时间轴】面板中，如图 13-101 所示。

（16）将"标题文本"拖曳至【时间轴】面板的顶层，单击【对于合成图层】按钮，将【位置】设置为 1920、1912，将【缩放】均设置为 70%，将【不透明度】设置为 60%，如图 13-102 所示。

图 13-99

（17）为文本图层添加【填充】特效，将【颜色】设置为白色，如图 13-103 所示。

图 13-100

图 13-101

图 13-102

图 13-103

（18）将"光晕动画"拖曳至【时间轴】面板的顶层，将【缩放】均设置为200%，将【不透明度】设置为80%，将【模式】设置为【屏幕】，如图 13-104 所示。

（19）将【遮罩动画】拖曳至【时间轴】面板的顶层，单击【对于合成图层】按钮，将【缩放】均设置为 220.5%，如图 13-105 所示。

图 13-104

图 13-105

常用快捷键

【项目】面板					
操作	快捷键	操作	快捷键	操作	快捷键
新建项目	Ctrl+Alt+N	打开项目	Ctrl+O	打开上次打开的项目	Ctrl+Alt+Shift+P
保存项目	Ctrl+S	选择上一子项	↑（向上箭头）	选择下一子项	↓（向下箭头）
打开选择的素材项或合成图像	双击	在AE素材窗口中打开影片	Alt+双击	显示所选的合成图像的设置	Ctrl+K
导入多个素材文件	Ctrl+Alt+I	引入一个素材文件	Ctrl+I	搜索选项	Ctrl+F
替换素材文件	Ctrl+H	增加所选的合成图像的渲染队列窗口	Ctrl+Shift+/	新建文件夹	Ctrl+Alt+Shift+N
退出	Ctrl+Q				
显示窗口和面板					
操作	快捷键	操作	快捷键	操作	快捷键
打开【项目】面板	Ctrl+0	渲染队列窗口	Ctrl+Alt+0	打开【工具】面板	Ctrl+1
打开信息面板	Ctrl+2	预览面板	Ctrl+3	打开音频面板	Ctrl+4
新建合成	Ctrl+N	关闭激活的标签/窗口	Ctrl+W	关闭激活的窗口（所有标签）	Ctrl+Shift+W
时间布局窗口中的移动					
操作	快捷键	操作	快捷键	操作	快捷键
到工作区开始处	Home	到工作区结束处	Shift+End	到前一可见关键帧	J
到后一可见关键帧	K	到开始处	Ctrl+Alt+左箭头	到结束处	Ctrl+Alt+右箭头
向前一帧	Page Down	向前十帧	Ctrl+Shift+左箭头	向后一帧	Page Up
向后十帧	Ctrl+Shift+右箭头	到层的入点	i	到层的出点	o

（续表）

合成图像、层和素材窗口中的编辑					
操作	快捷键	操作	快捷键	操作	快捷键
拷贝	Ctrl+C	复制	Ctrl+D	剪切	Ctrl+X
粘贴	Ctrl+V	撤销	Ctrl+Z	重做	Ctrl+Shift+Z
选择全部	Ctrl+A	取消全部选择	Ctrl+Shift+A 或 F2		
在时间布局窗口中查看层属性					
操作	快捷键	操作	快捷键	操作	快捷键
锚点	A	效果	E	蒙版羽化	F
不透明度	T	位置	P	旋转	R
缩放	S	打开不透明对话	Ctrl+Shift+O	切换图层模式	F4
合成图像和时间布局窗口中层的精确操作					
操作	快捷键	操作	快捷键	操作	快捷键
以指定方向移动层1像素	箭头	旋转层1度	+（数字键盘）	旋转层-1度	-（数字键盘）
放大层1%	Ctrl++（数字键盘）	缩小层1%	Ctrl+-（数字键盘）		
合成图像窗口中合成图像的操作					
操作	快捷键	操作	快捷键	操作	快捷键
显示/隐藏参考线	Ctrl+:	锁定/释放参考线锁定	Ctrl+Alt+Shift+;	显示/隐藏标尺	Ctrl+R
合成图像流程图视图	Alt+Shift+F11				
【效果控件】面板中的操作					
操作	快捷键	操作	快捷键	操作	快捷键
选择上一个效果	上箭头	选择下一个效果	下箭头	应用上一个效果	Ctrl+Alt+Shift+E
清除层上的所有效果	Ctrl+Shift+E				
渲染队列面板					
操作	快捷键	操作	快捷键	操作	快捷键
打开渲染队列面板	Ctrl+M	在队列中不带输出名复制子项	Ctrl+D		